Christof Liebe

Zur Physik des Straßenverkehrs

Christof Liebe

Zur Physik des Straßenverkehrs

Empirische Daten und dynamische Modelle

Südwestdeutscher Verlag für Hochschulschriften

Imprint

Any brand names and product names mentioned in this book are subject to trademark, brand or patent protection and are trademarks or registered trademarks of their respective holders. The use of brand names, product names, common names, trade names, product descriptions etc. even without a particular marking in this work is in no way to be construed to mean that such names may be regarded as unrestricted in respect of trademark and brand protection legislation and could thus be used by anyone.

Publisher:
Südwestdeutscher Verlag für Hochschulschriften
is a trademark of
Dodo Books Indian Ocean Ltd., member of the OmniScriptum S.R.L Publishing group
str. A.Russo 15, of. 61, Chisinau-2068, Republic of Moldova Europe
Printed at: see last page
ISBN: 978-3-8381-2451-3

Zugl. / Approved by: Rostock, Universität, Dissertation, 2010

Copyright © Christof Liebe
Copyright © 2011 Dodo Books Indian Ocean Ltd., member of the OmniScriptum S.R.L Publishing group

Kurzdarstellung

Diese Arbeit befasst sich mit dem Straßenverkehr in Theorie und Experiment. Das Experiment stellt dabei Datensätze dar, die Fahrzeugtrajektorien einer komplexen Verkehrssituation beinhalten. Diese Daten werden analysiert und so aufbereitet, dass sie mit einem Modell vergleichbar werden. Die Datenanalyse zeigt den starken Einfluss der Spurwechsel und die starke Abhängigkeit des Fahrzeug-Folge-Verhaltens von der Geschwindigkeitsdifferenz zum Vordermann. Der Vergleich der Daten mit dem absichtlich sehr einfach gestalteten Modell zeigt deutliche Unterschiede. Die Gründe dafür sind sowohl das Modell an sich, als auch stark eine vereinfachte Verkehrssituation. Die Analyse eines Brownschen Teilchens in einem Doppelmuldenpotenzial gibt Anreize, ein Modell zu schaffen, das das Fahrzeug-Folge-Verhalten und den Spurwechsel-Prozess auf eine gemeinsame Basis stellt.

Abstract

This thesis deals with vehicular traffic flow in theory and experiment. In this case the experimental part deals with datasets containing vehicular trajectories of a complex traffic situation. This data is analised and prepared to be comparable with a model. The data analysis shows the strong impact of lane changes and the strong dependence on the velocity difference to the car in front. The comparison with the intentionally simple model shows clear differences. The reason for that are both the model itself and the simplified traffic situation. The analysis of a Brownian particle in a double well potential stimulates the creation of a model which unifies the car following bahaviour and the lane change process.

Inhaltsverzeichnis

1 Einleitung — 9
  1.1 Zielstellung der Arbeit — 9
  1.2 Struktur der Arbeit — 10

2 Doppelmuldenpotenzial — 11
  2.1 Skalierung — 11
  2.2 Überführung in eine Fokker-Planck-Gleichung — 13
  2.3 Die stationäre Lösung — 14
  2.4 Überführung der FPE in ein Eigenwertproblem — 15
  2.5 Hermitezität des Schrödinger-Operators — 17
  2.6 Der Grundzustand — 17
  2.7 Lösung des Eigenwertproblems bei linearer Kraft — 18
  2.8 Lösung des Eigenwertproblems im allgemeinen Fall — 23
  2.9 Verhalten der Eigenwerte bei verschiedenen Näherungen — 27
    2.9.1 Stark ausgeprägte Doppelmulde — 28
    2.9.2 Stark ausgeprägte Einzelmulde — 32
    2.9.3 Die quasiklassische Näherung — 35
  2.10 Simulation des Problems — 40
    2.10.1 Simulation einzelner Trajektorien — 40
    2.10.2 Simulation von Verteilungen — 40
  2.11 Numerische Lösung des Eigenwertproblems — 41

3 Analyse von Verkehrsdaten — 43
  3.1 Zeit-Weg-Abbildungen — 46
  3.2 Fundamentaldiagramm — 52
  3.3 Felddaten — 53
  3.4 Wahrscheinlichkeitsdichte über Abstand und Geschwindigkeit — 58
  3.5 Wahrscheinlichkeitsdichte über Abstand und Geschwindigkeitsdifferenz — 68

4 Die Rotierende Teilchenkette — 71
  4.1 Das Modell — 71
  4.2 Die Dynamik — 71
    4.2.1 Definition von Kräften — 72
    4.2.2 Stationäre Lösung — 73
    4.2.3 Definition der optimalen Geschwindigkeit — 73

Inhaltsverzeichnis

		4.2.4	Dimensionslose Betrachtung	73
	4.3	Spezialfälle		74
		4.3.1	Totale Symmetrie	74
		4.3.2	Totale Asymmetrie	74
	4.4	Dispersionsrelation (Stabilitätsanalyse)		75
	4.5	Energiebilanz und Energiefluss		78

5 Eine Modellbetrachtung   **81**
   5.1 Spezialfälle des Modells 83
       5.1.1 Ein Fahrzeug im Kreis 83
       5.1.2 Ein Fahrzeug und eine Mauer 84
       5.1.3 Unfallfreiheit bei zwei Fahrzeugen 84
       5.1.4 Der thermodynamische Grenzfall 85
   5.2 Das Modell mit 60 Fahrzeugen 85
       5.2.1 Langzeitlösungen 86
       5.2.2 Der Grenzzyklus 87
       5.2.3 Zeitliche Entwicklung bei 60 Fahrzeugen 88
       5.2.4 Grenzen bei 60 Fahrzeugen 88
   5.3 Der thermodynamische Grenzfall 89
       5.3.1 Binodale und Spinodale 92

6 Vergleich mit Realdaten   **95**
   6.1 Vergleich und Folgen des Versuchsaufbaus 95
   6.2 Prinzipielle Aussagen des Modells 95
   6.3 Bestimmung der Parameter des Modells 97
   6.4 Anzeichen für das Scheitern des Modells 98
   6.5 Vorschläge zur Verbesserung des Modells 101

7 Zusammenfassung und Ausblick   **105**

A Anhang   **109**

B Literaturverzeichnis   **127**

C Abkürzungsverzeichnis   **133**

D Danksagung   **135**

1 Einleitung

Der Individualverkehr ist gleichzeitig Fluch und Segen für die Menschheit. Für den einzelnen Menschen bedeutet er, innerhalb kurzer Zeit an sein Ziel zu kommen. Dies kann die Arbeitsstelle sein, die zumindest in Deutschland wiederum mit recht hoher Wahrscheinlichkeit mit der Herstellung von Autos (siehe dazu [16, 53, 54]) zusammen hängt. Staus und schlechte Luft sind die Kehrseite der Medaille. Konzepte wie Elektrofahrzeuge zeigen den Willen der Wirtschaft und letztlich auch der Gesellschaft, das Modell des Individualverkehrs trotz begrenzter Mengen Erdöl und zu hohem CO_2-Ausstoß aufrecht zu erhalten.

Das grundlegende Verständnis von Straßenverkehr wird deshalb auch in Zukunft ein Ziel der Forschung bleiben. Die Rolle der Physik (siehe [8, 23, 27, 38, 37, 47, 46, 50, 51, 52, 57]) ist und kann auch in Zukunft die der Instanz sein, die aufgrund ihrer umfangreichen Erfahrung mit Vielteilchensystemen viel zum Thema beizutragen hat. Wenn ich vom grundlegenden Verständnis spreche, meine ich das Erkennen des Zusammenhangs zwischen individuellen Wechselwirkungen zwischen Fahrzeugen (einer mikroskopischen Sichtweise) und makroskopischen Effekten. Dabei wird es nicht nur von Interesse sein, das menschliche Verhalten zu verstehen. Dies wird an Bedeutung verlieren, wenn autonom agierende Fahrzeuge die Marktreife erlangen. Bei diesen Fahrzeugen wird es möglich sein, Regelwerke zum Verhalten im Verkehr direkt festzulegen. Eine Abschätzung der Folgen im Vielteilchensystem ist dabei unerlässlich.

1.1 Zielstellung der Arbeit

Ziel der Arbeit soll es sein, Straßenverkehr zu analysieren, zu charakterisieren und zu modellieren.

Ein typisches Beispiel für die Bearbeitung dieser Aufgabenstellung wären interessant anzuschauende Visualisierungen, die schnell den Eindruck entstehen lassen, dass es sich dabei auch um echten Verkehr handeln könnte. Dabei stellt sich jedoch die Frage, was richtigen Verkehr ausmacht. Was sind Kenngrößen, die es erlauben simulierten Verkehr von realem Verkehr zu unterscheiden? Diese Arbeit soll ein Versuch sein, diese Fragen zu beantworten.

Datensätze, die detaillierte Informationen über die Bewegung von Fahrzeugen liefern, werden dabei genutzt, um diese Kenngrößen zu ermitteln. Anhand eines Modells soll dann gezeigt werden, wie die gewonnenen Größen der Datensätze mit den modellierten Größen zu vergleichen sind. Dabei sollen auch typische physikalische

1 Einleitung

Größen wie Energie und Energiefluss beschrieben werden.

Die Bearbeitung eines mathematischen Problems soll Anreize geben, über das pure Fahrzeug-Folge-Verhalten hinaus Modelle zu entwerfen. Die strikte Trennung zwischen dem Fahrzeug-Folge-Verhalten und dem Spurwechselalgorithmus könnte damit überwunden werden. Einflüsse mehrerer Fahrzeuge der eigenen und anderer Spuren könnten über die Formung eines Potenzials einfließen.

1.2 Struktur der Arbeit

Diese Arbeit ist in vier Teile unterteilt.

Im ersten wird es um das mathematische Problem eines Brownschen Teilchens in einem Doppelmuldenpotenzial gehen. Dieses Kapitel ist relativ losgelöst vom Rest der Arbeit dargestellt. Als ein Ausblick wird eine eventuelle Anwendung beschrieben.

Im zweiten Teil geht es um Trajektoriendaten einer komplexen Straßenverkehrssituation. Diese Daten dienen als Grundlage für eine Analyse, die klären soll, was aus solchen Daten heraus zu lesen ist und vor allem, wo solche Daten an Grenzen stoßen.

Anschließend wird beschrieben, wie mit physikalischen Mitteln versucht wird, das Fahrzeug-Folge-Verhalten zu modellieren. Das Modell selbst und die Umgebung, in der es getestet und analysiert wird, sind mit Absicht sehr einfach gewählt. Dies ermöglicht eine nicht nur numerischem sondern auch analytische Herangehensweise bei der Herausstellung der Kernaussagen des Modells.

Im letzten Teil wird das erstellte Modell mit den Verkehrsdaten vergleichen. Hier werden sich zwangsläufig Grenzen bei der Testumgebung des Modells zeigen, da wichtige Aspekte wie der Spurwechsel nicht einfließen werden.

2 Doppelmuldenpotenzial

Als Beispiel eines stochastischen Systems soll ein Doppelmuldenpotenzial mit stochastischer Kraft $F_{\text{stoch}}(t)$ betrachtet werden.

$$\frac{\mathrm{d}x(t)}{\mathrm{d}t} = F_{\text{det}}(x) + F_{\text{stoch}}(t) \tag{2.1}$$

$$\frac{\mathrm{d}x(t)}{\mathrm{d}t} = -\alpha' x(t) - \beta x^3(t) + \sqrt{2D}\,\xi(t) \tag{2.2}$$

$$\mathrm{d}x(t) = \left(-\alpha' x(t) - \beta x^3(t)\right)\mathrm{d}t + \sqrt{2D}\,\mathrm{d}W(t) \tag{2.3}$$

$$x(t=0) = x_0 \tag{2.4}$$

Es soll davon ausgegangen werden, dass die Bewegungen sehr langsam stattfinden.

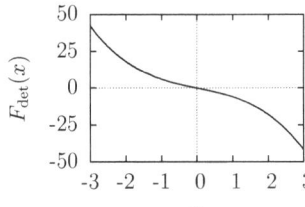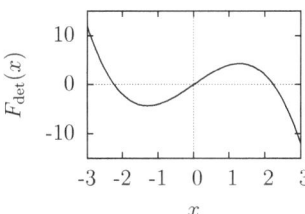

Abb. 2.1: Dargestellt ist die deterministische Kraft $F_{\text{det}}(x)$ im Fall der Einfachmulde ($\alpha' = 5\ \text{s}^{-1}$, $\beta = 1\ \text{s}^{-1}\ \text{m}^{-2}$, links) und der Doppelmulde ($\alpha' = -5\ \text{s}^{-1}$, $\beta = 1\ \text{s}^{-1}\ \text{m}^{-2}$, rechts).

Das führt dazu, dass die Kraft nicht proportional zur Beschleunigung sondern zur Geschwindigkeit ist. Ein anschauliches Bild ist eine honigbestrichene Potenzialwand, an der das Teilchen nur langsam herunter rollen kann. Die deterministische Kraft $F_{\text{det}}(x)$ ist in Abbildung 2.1 dargestellt.

2.1 Skalierung

Es werden Skalierungsgrößen für x und t eingeführt.

$$x = ay \tag{2.5}$$
$$t = bT \tag{2.6}$$

2 Doppelmuldenpotenzial

Das Wiener Inkrement $\mathrm{d}W(t)$ kann man in der Näherung sehr kleiner Zeitschritte als $N\sqrt{\mathrm{d}t}$ annähern. Dabei ist N eine standard-normalverteilte Zufallszahl. Auf diese Weise kann man auch hier die Skalierung anwenden.

$$\sqrt{\mathrm{d}t}N = \sqrt{b}\sqrt{\mathrm{d}T}\,N \tag{2.7}$$
$$\mathrm{d}W(t) = \sqrt{b}\,\mathrm{d}W(T) \tag{2.8}$$

Daraus ergibt sich die folgende Gleichung.

$$a\,\mathrm{d}y = \left(-\alpha'ay - \beta a^3 y^3\right)b\,\mathrm{d}T + \sqrt{2Db}\,\mathrm{d}W(T) \tag{2.9}$$
$$\mathrm{d}y = \left(-\alpha'by - \beta a^2 by^3\right)\mathrm{d}T + \frac{\sqrt{2Db}}{a}\,\mathrm{d}W(T) \tag{2.10}$$

Nun wird folgendes verlangt.

$$\beta a^2 b = 1 \tag{2.11}$$
$$\frac{Db}{a^2} = 1 \tag{2.12}$$

Daraus ergeben sich Gleichungen für a und b.

$$a = \left(\frac{D}{\beta}\right)^{\frac{1}{4}} \tag{2.13}$$
$$b = (\beta D)^{-\frac{1}{2}} \tag{2.14}$$

Setzt man dies ein, ergibt sich die folgende Gleichung.

$$\mathrm{d}y = \left[-\alpha(\beta D)^{-\frac{1}{2}}y - y^3\right]\mathrm{d}T + \sqrt{2}\,\mathrm{d}W(T) \tag{2.15}$$

Jetzt wird ein neuer Parameter α eingeführt.

$$\alpha = \alpha'(\beta D)^{-\frac{1}{2}} \tag{2.16}$$

Und es ergibt sich eine skalierte Gleichung.

$$\mathrm{d}y(T) = \left(-\alpha y(T) - y^3(T)\right)\mathrm{d}T + \sqrt{2}\,\mathrm{d}W(T) \tag{2.17}$$
$$y(T=0) = y_0 \tag{2.18}$$

Aus der Skalierung ergibt sich ein neues System mit einem Parameter α. Das skalierte und das unskalierte System sind ineinander überführbar. Mit der Untersuchung eines bestimmten Parameters α untersucht man eine Schar von Parametersätzen $\{\alpha', \beta, D\}$, die die Gleichung $\alpha = (\beta D)^{-\frac{1}{2}}\alpha'$ erfüllen.

Skalierung des Sonderfalles der linearen Kraft

Wenn der Parameter β verschwindet, kann die Skalierung nicht durchgeführt werden, da dann in den Gleichungen (2.13), (2.14) und (2.16) durch 0 dividiert werden würde. Allerdings bietet sich hier eine andere Skalierung an, die das Problem sogar parameterfrei macht. Die Skalierung von x, t und $\mathrm{d}W(t)$ wird analog zu (2.5), (2.6), (2.7) und (2.8) vorgenommen.

$$a\mathrm{d}y = -\alpha' ayb\mathrm{d}T + \sqrt{2Db}\,\mathrm{d}W(T) \tag{2.19}$$

$$\mathrm{d}y = -\alpha' by\mathrm{d}T + \frac{\sqrt{2Db}}{a}\mathrm{d}W(T) \tag{2.20}$$

Nun wird allerdings verlangt, dass

$$\alpha' b = 1 \tag{2.21}$$

$$\frac{Db}{a^2} = 1 \quad . \tag{2.22}$$

Daraus ergeben sich wieder Gleichungen für a und b.

$$a = \left(\frac{D}{\alpha'}\right)^{\frac{1}{2}} \tag{2.23}$$

$$b = \frac{1}{\alpha'} \tag{2.24}$$

Dies liefert eine parameterfreie Gleichung.

$$\mathrm{d}y(T) = -y(T)\mathrm{d}T + \sqrt{2}\,\mathrm{d}W(T) \tag{2.25}$$

$$y(T=0) = y_0 \tag{2.26}$$

2.2 Überführung in eine Fokker-Planck-Gleichung

Das im Langevin-Formalismus dargestellte Problem (siehe Gleichungen 2.17 und 2.18 bzw. 2.25 und 2.26) ist nicht direkt integrierbar. Es ist jedoch möglich, das Problem in eine Fokker-Planck-Gleichung (FPE) zu überführen.

$$\frac{\partial}{\partial T}p(y,T) = \frac{\partial}{\partial y}\left[\left(\alpha y(T) + y^3(T)\right)p(y,T)\right] + \frac{\partial^2}{\partial y^2}p(y,T) \tag{2.27}$$

$$p(y,T=0) = \delta(y - y_0) \tag{2.28}$$

Die klassische Unterteilung der Kraft in eine deterministische und eine stochastische Kraft lässt es zu, ein Potenzial $V(y)$ zu definieren.

$$-\frac{\mathrm{d}V(y)}{\mathrm{d}y} = -\alpha y(T) - x^3(T) \tag{2.29}$$

$$V(y=0) \stackrel{!}{=} 0 \tag{2.30}$$

$$V(y) = \frac{\alpha}{2}y^2(T) + \frac{1}{4}y^4(T) \tag{2.31}$$

2 Doppelmuldenpotenzial

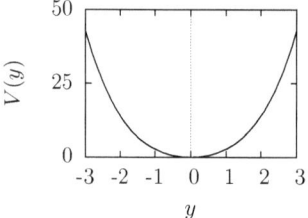 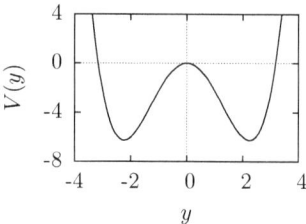

Abb. 2.2: Dargestellt ist das Potenzial $V(y)$ im Fall der Einfachmulde ($\alpha = 5$, links) und der Doppelmulde ($\alpha = -5$, rechts).

Hierdurch wird die FPE sehr übersichtlich.

$$\frac{\partial}{\partial T} p(y,T) = \frac{\partial}{\partial y}\left(p(y,T)\frac{\mathrm{d}}{\mathrm{d}y}V(y)\right) + \frac{\partial^2}{\partial y^2} p(y,T) \tag{2.32}$$

Das Potenzial $V(y)$ ist in Abbildung 2.2 dargestellt.

2.3 Die stationäre Lösung

Es ist möglich, die Langzeitlösung direkt aus der FPE zu finden. Bei der Langzeitlösung verschwindet die zeitliche Ableitung der Wahrscheinlichkeitsdichte.

$$\frac{\partial}{\partial T} p(y,T) = 0 \tag{2.33}$$

$$p(y,T) = p_{\mathrm{st}}(y) \tag{2.34}$$

Eine Integration kann ausgeführt werden.

$$0 = \frac{\mathrm{d}}{\mathrm{d}y}\left(p_{\mathrm{st}}(y)\frac{\mathrm{d}}{\mathrm{d}y}V(y)\right) + \frac{\mathrm{d}^2}{\mathrm{d}y^2} p_{\mathrm{st}}(y) \tag{2.35}$$

$$C = p_{\mathrm{st}}(y)\frac{\mathrm{d}}{\mathrm{d}y}V(y) + \frac{\mathrm{d}}{\mathrm{d}y}p_{\mathrm{st}}(y) \tag{2.36}$$

Die Wahrscheinlichkeitsdichte ist per Definition auf eins normiert. Das bedeutet jedoch auch, dass sie im Unendlichen schneller gegen 0 strebt als jede Potenz von y. Das bedeutet, dass die Konstante C identisch 0 sein muss.

$$0 = p_{\mathrm{st}}(y)\frac{\mathrm{d}}{\mathrm{d}y}V(y) + \frac{\mathrm{d}}{\mathrm{d}y}p_{\mathrm{st}}(y) \tag{2.37}$$

Als Ansatz für $p_{\mathrm{st}}(y)$ kann

$$p_{\mathrm{st}}(y) = N \exp\left(-V(y)\right) \tag{2.38}$$

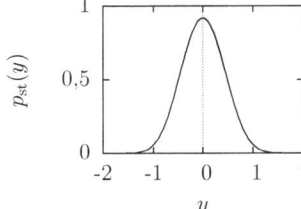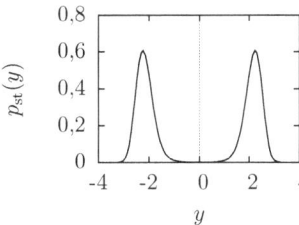

Abb. 2.3: Dargestellt ist die stationäre Lösung $p_{\text{st}}(y)$ im Fall der Einfachmulde ($\alpha = 5$, links) und der Doppelmulde ($\alpha = -5$, rechts). Dies ist ebenfalls die Langzeitlösung.

versucht werden. Dieser Ansatz ist erfolgreich. Die unbekannte Konstante N wird über die Normierung bestimmt.

$$p_{\text{st}}(y) = \frac{1}{\int_{-\infty}^{\infty} \exp(-V(y))\,dy} \exp(-V(y)) \tag{2.39}$$

Die Normierung N kann in geschlossener Form angegeben werden.

$$N = \begin{cases} \frac{2}{\sqrt{-\alpha}\,\pi \exp\left(\frac{\alpha^2}{8}\right)\left(I_{-\frac{1}{4}}\left(\frac{\alpha^2}{8}\right)+I_{\frac{1}{4}}\left(\frac{\alpha^2}{8}\right)\right)} & \alpha < 0 \\ \frac{\sqrt{2}}{\Gamma\left(\frac{1}{4}\right)} & \alpha = 0 \\ \frac{\sqrt{2}}{\sqrt{\alpha}\,\exp\left(\frac{\alpha^2}{8}\right)K_{-\frac{1}{4}}\left(\frac{\alpha^2}{8}\right)} & \alpha > 0 \end{cases} \tag{2.40}$$

Dabei sind $K_n(x)$ und $I_n(x)$ die modifizierten Bessel-Funktionen. Die stationäre Lösung $p_{\text{st}}(y)$ ist in Abbildung 2.3 dargestellt.

2.4 Überführung der FPE in ein Eigenwertproblem

Es soll eine neue Funktion $Q(y, T)$ definiert werden.

$$Q(y, T) = \exp\left(\frac{V(y)}{2}\right) p(y, T) \tag{2.41}$$

$$p(y, T) = \exp\left(-\frac{V(y)}{2}\right) Q(y, T) \tag{2.42}$$

Setzt man diese in obige Gleichung ein, entfällt die erste Ortsableitung.

$$\frac{\partial}{\partial T} p(y, T) = \frac{\partial}{\partial y}\left(p(y,T)\frac{\partial}{\partial y}V(y)\right) + \frac{\partial^2}{\partial y^2} p(y, T) \tag{2.43}$$

$$\frac{\partial}{\partial T} Q(y, T) = \left[\frac{1}{2}\frac{d^2}{dy^2}V(y) - \frac{1}{4}\left(\frac{d}{dy}V(y)\right)^2\right] Q(y, T) + \frac{\partial^2}{\partial y^2} Q(y, T) \tag{2.44}$$

2 Doppelmuldenpotenzial

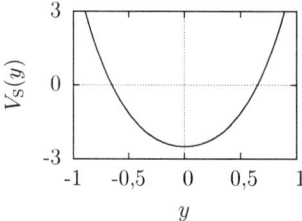 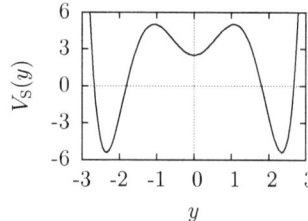

Abb. 2.4: Dargestellt ist das Schrödinger-Potenzial $V_S(y)$ im Fall der Einfachmulde ($\alpha = 5$, links) und der Doppelmulde ($\alpha = -5$, rechts). Man kann erkennen, dass das Schrödinger-Potenzial komplizierter ist als das Ausgangspotenzial $V(y)$ (siehe Abbildung 2.2).

Hier kann ein neues Potenzial $V_S(y)$ eingeführt werden. Dieses Potenzial soll künftig Schrödinger-Potenzial $V_S(y)$ genannt werden. Das Schrödinger-Potenzial ist in Abbildung 2.4 dargestellt.

$$V_S(y) = \frac{1}{4}\left(\frac{d}{dy}V(y)\right)^2 - \frac{1}{2}\frac{d^2}{dy^2}V(y) \tag{2.45}$$

$$V_S(y) = \frac{1}{4}y^6 + \frac{\alpha}{2}y^4 + \frac{\alpha^2 - 6}{4}y^2 - \frac{\alpha}{2} \tag{2.46}$$

Dadurch lässt sich die Gleichung sehr übersichtlich darstellen.

$$\frac{\partial}{\partial T}Q(y,T) = \frac{\partial^2}{\partial y^2}Q(y,T) - V_S(y)Q(y,T) \tag{2.47}$$

Die erste Ortsableitung von $Q(y,T)$ ist verschwunden. Dafür ist die höchste Potenz des Potenzials nun sechs und nicht mehr vier. Ein Separationsansatz vereinfacht das System weiter.

$$Q(y,T) = \chi(T)\psi(y) \tag{2.48}$$

$$\psi(y)\frac{d}{dT}\chi(T) = \chi(T)\frac{d^2}{dy^2}\psi(y) - V_S(y)\chi(T)\psi(y) \tag{2.49}$$

$$\frac{1}{\chi(T)}\frac{d}{dT}\chi(T) = \frac{1}{\psi(y)}\frac{d^2}{dy^2}\psi(y) - V_S(y) \tag{2.50}$$

Der linke Teil der Gleichung ist nur von T abhängig, der rechte nur von y. Beide Seiten können also nur konstant sein. Diese Konstante soll $-\lambda$ genannt werden. Die Lösung der linken Seite ist einfach zu finden.

$$\chi(T) = \chi_0 \exp(-\lambda T) \tag{2.51}$$

Die rechte Seite kann umgeschrieben werden.

$$-\lambda = \frac{1}{\psi(y)} \frac{d^2}{dy^2} \psi(y) - V_S(y) \tag{2.52}$$

$$\left(-\frac{d^2}{dy^2} + V_S(y)\right) \psi(y) = \lambda \psi(y) \tag{2.53}$$

Diese zeitunabhängige Schrödingergleichung gilt es zu lösen.

2.5 Hermitezität des Schrödinger-Operators

Für die folgenden Betrachtungen ist es nötig zu zeigen, dass der Schrödingeroperator hermitesch ist. In der Dirac-Notation muss gezeigt werden, dass

$$\langle A\psi_1, \psi_2 \rangle = \langle \psi_1, A\psi_2 \rangle \tag{2.54}$$

gilt, wobei

$$A = -\frac{d^2}{dy^2} + V_S(y) \tag{2.55}$$

ist.

$$\langle \psi_1, A\psi_2 \rangle = \int_{-\infty}^{\infty} \psi_1(y) \left(-\frac{d^2}{dy^2} + V_S(y)\right) \psi_2^*(y) dy \tag{2.56}$$

$$= -\int_{-\infty}^{\infty} \psi_1(y) \left(\frac{d^2}{dy^2} \psi_2^*(y)\right) dy + \int_{-\infty}^{\infty} \psi_1(y) V_S(y) \psi_2^*(y) dy \tag{2.57}$$

$$= -\int_{-\infty}^{\infty} \left(\frac{d^2}{dy^2} \psi_1(y)\right) \psi_2^*(y) dy + \int_{-\infty}^{\infty} V_S(y) \psi_1(y) \psi_2^*(y) dy \tag{2.58}$$

$$= \int_{-\infty}^{\infty} \left(-\frac{d^2}{dy^2} + V_S(y)\right) \psi_1(y) \psi_2^*(y) dy \tag{2.59}$$

$$= \langle A\psi_1, \psi_2 \rangle \tag{2.60}$$

Es wurde zweimal partiell integriert und dabei ausgenutzt, dass die Wellenfunktionen im Unendlichen 0 werden. Dies ist notwendig, da die Wahrscheinlichkeitsdichten normierbar sein müssen.

Da der Schrödinger-Operator hermitesch ist, gibt es nur reelle Eigenwerte.

2.6 Der Grundzustand

Die Wahrscheinlichkeitsdichte muss normierbar sein, weshalb negative Eigenwerte verboten sind. Positive Eigenwerte dämpfen jedoch die jeweilige Wahrscheinlichkeitsdichte. Damit die jeweilige Verteilung normierbar bleibt, muss es einen zeitin-

2 Doppelmuldenpotenzial

varianten Grundzustand geben, der durch $\lambda = 0$ charakterisiert ist. Die Schrödinger-Gleichung

$$\left(-\frac{d^2}{dy^2} + V_S(y)\right)\psi_{st}(y) = 0 \qquad (2.61)$$

wird einfacher und kann mit dem Ansatz

$$\psi_{st}(y) = k\exp(f(y)) \qquad (2.62)$$

gelöst werden. Formal würde man eine Linearkombination aus $\exp[f(y)]$ und $\exp[-f(y)]$ ansetzen. Es wird allerdings gefordert, dass die Eigenfunktion normierbar ist, was zum Verschwinden einer der beiden Funktionen führt.

$$\left[-\frac{d^2}{dy^2}f(y) - \left(\frac{d}{dy}f(y)\right)^2 + V_S(y)\right]\psi_{st}(y) = 0 \qquad (2.63)$$

Da die Wellenfunktion im Allgemeinen ungleich 0 ist, muss

$$\frac{d^2}{dy^2}f(y) + \left(\frac{d}{dy}f(y)\right)^2 = V_S(y) \qquad (2.64)$$

gelten. Aus Gleichung (2.45) wird schnell ersichtlich, dass

$$f(y) = -\frac{1}{2}V(y) \qquad (2.65)$$

ist. Die Konstante k ist über die Normierung bestimmt. Wenn man mit Gleichung (2.42) die Wahrscheinlichkeitsdichte ermittelt, ergibt sich die stationäre Lösung (2.39), wobei $k = \sqrt{N}$ gilt. Diese ist in Abbildung 2.3 dargestellt. Man sieht also, dass die stationäre Lösung auch die Langzeitlösung ist.

2.7 Lösung des Eigenwertproblems bei linearer Kraft

In der Skalierung für $\beta = 0$ ist das Schrödinger-Potenzial

$$V_S(y) = \frac{y^2}{4} - \frac{1}{2} \quad . \qquad (2.66)$$

Setzt man dieses Potenzial in die Schrödingergleichung ein, erhält man das Problem des harmonischen Oszillators. Durch Vergleich lässt sich so die Lösung hinschreiben. Allerdings soll hier die Lösung elementar hergeleitet werden. Die Schrödingergleichung lautet

$$\left(-\frac{d^2}{dy^2} + \frac{y^2}{4} - \frac{1}{2}\right)\psi(y) = \lambda\psi(y) \qquad (2.67)$$

$$\left(-\frac{d^2}{dy^2} + \frac{y^2}{4}\right)\psi(y) = \left(\lambda + \frac{1}{2}\right)\psi(y) \quad . \qquad (2.68)$$

2.7 Lösung des Eigenwertproblems bei linearer Kraft

Für den Grundzustand $\lambda = 0$ wurde die Lösung bereits ermittelt. Für das nun einfachere Potenzial hat die Normierung N ebenfalls eine einfache Form.

$$\psi_{\text{st}}(y) = (2\pi)^{-\frac{1}{4}} \exp\left(-\frac{1}{4}y^2\right) \tag{2.69}$$

$$p_{\text{st}}(y) = (2\pi)^{-\frac{1}{2}} \exp\left(-\frac{1}{2}y^2\right) \tag{2.70}$$

Als Ansatz für weitere Lösungen der Schrödinger-Gleichung kann

$$\psi_n(y) = h_n(y)\psi_{\text{st}}(y) \tag{2.71}$$

verwendet werden, wobei $h_n(y)$ die Potenzreihe

$$h_n(y) = \sum_{i=0}^{N} a_{i,n} y^i \tag{2.72}$$

ist.

Das asymptotische Verhalten der Eigenfunktionen soll so sein, dass die Eigenfunktionen gegen 0 für große y gehen. Dies ist bei diesem Ansatz immer gewährleistet, solange $N \neq \infty$ gilt. Geht man mit diesem Ansatz in die Differenzialgleichung, erlangt man einen einfachen Ausdruck für $h_n(y)$.

$$\left(-\frac{d^2}{dy^2} + \frac{y^2}{4}\right) h_n(y) \exp\left(-\frac{1}{4}y^2\right) = \left(\lambda_n + \frac{1}{2}\right) h_n(y) \exp\left(-\frac{1}{4}y^2\right) \tag{2.73}$$

$$0 = \frac{d^2}{dy^2} \sum_{i=0}^{N} a_{i,n} y^i - y \frac{d}{dy} \sum_{i=0}^{N} a_{i,n} y^i + \lambda_n \sum_{i=0}^{N} a_{i,n} y^i \tag{2.74}$$

$$0 = \sum_{i=2}^{N} a_{i,n}(i-1)i y^{i-2} - \sum_{i=1}^{N} a_{i,n} i y^i + \lambda_n \sum_{i=0}^{N} a_{i,n} y^i \tag{2.75}$$

$$0 = \sum_{i=0}^{N-2} a_{i+2,n}(i+1)(i+2) y^i - \sum_{i=0}^{N} a_{i,n} i y^i + \lambda_n \sum_{i=0}^{N} a_{i,n} y^i \tag{2.76}$$

$$0 = \sum_{i=0}^{N-2} y^i \left[a_{i+2,n}(i+1)(i+2) - a_{i,n} i + \lambda_n a_{i,n} \right] - \sum_{i=N-1}^{N} a_{i,n} i y^i + \lambda_n \sum_{i=N-1}^{N} a_{i,n} y^i \tag{2.77}$$

Die beiden Summenterme für $i > N - 2$ sollen hier vernachlässigt werden. Es wird sich später zeigen, dass dieses Vorgehen gerechtfertigt ist. Fast immer gilt $y \neq 0$. Damit muss jedes Summenelement für sich verschwinden.

$$0 = a_{i+2,n}(i+1)(i+2) - a_{i,n} i + \lambda_n a_{i,n} \tag{2.78}$$

2 Doppelmuldenpotenzial

Aus dieser Gleichung lässt sich eine Rekursionsformel für die Koeffizienten $a_{i,n}$ ableiten.

$$a_{i+2,n} = \frac{i - \lambda_n}{(i+1)(i+2)} a_{i,n} \tag{2.79}$$

Aus bereits genannten Gründen darf die Potenzreihe nicht unendlich viele von 0 verschiedene Glieder haben. Aus der Rekursion ist ersichtlich, dass ein $a_{i,n} = 0$ dafür sorgt, dass alle geraden Folgeglieder auch identisch 0 werden. Die einfache Forderung

$$\lambda_n = n \tag{2.80}$$

sorgt für die Erfüllung dieser Forderung. Hier wird auch klar, warum die beiden Restsummen ignoriert werden konnten. Da nur $N \neq \infty$ gelten muss, kann man N so groß wählen, dass $a_{N-1} = 0$ bzw. $a_N = 0$ ist. Wenn $a_{0,n}$ bekannt ist, kann daraus $a_{2,n}$, $a_{4,n}$ usw. bestimmt werden. Wenn $a_{1,n}$ bekannt ist, kann daraus $a_{3,n}$, $a_{5,n}$ usw. bestimmt werden. Die Abbruchbedingung $\lambda_n = n$ lässt allerdings nur eine der beiden Folgen abbrechen. Aus diesem Grund muss gefordert werden dass $a_{1,n} = 0$ falls $a_{0,n} \neq 0$ bzw. $a_{0,n} = 0$ falls $a_{1,n} \neq 0$ ist.

Insgesamt führt das also zu einer Diskretisierung von λ. Der einfachste Fall $\lambda_0 = 0$ wurde oben bereits gelöst. Für alle weiteren Fälle kann man die Gleichungen (2.79) und (2.80) verwenden, um alle Koeffizienten in Abhängigkeit von einem letzten Koeffizient zu bestimmen, den man dann über die Normierung der jeweiligen Eigenfunktion bestimmt. Bis auf die Vorzeichen sind dann alle Eigenfunktionen bestimmt.

Ausgehend von Gleichung (2.79) kann man jedoch auch eine geschlossene Form für die normierten Eigenfunktionen finden.

$$a_{i+2,n} = \frac{i - n}{(i+1)(i+2)} a_{i,n} \tag{2.81}$$

$$a_{i,n} = \frac{(i+1)(i+2)}{i - n} a_{i+2,n} \tag{2.82}$$

$$a_{i-2,n} = \frac{(i-1)(i)}{i - 2 - n} a_{i,n} \tag{2.83}$$

Daraus kann man alle $a_{i,n}$ als Funktion von $a_{n,n}$ ermitteln. Am Beispiel $i = n - 6$ soll dies verdeutlicht werden.

$$a_{n-6,n} = \frac{(n-5)(n-4)}{-6} \frac{(n-3)(n-2)}{-4} \frac{(n-1)(n)}{-2} a_{n,n} \tag{2.84}$$

$$a_{n-6,n} = \frac{(n-5)(n-4)(n-3)(n-2)(n-1)(n)}{(-6)(-4)(-2)} \frac{(-5)(-3)(-1)}{(-5)(-3)(-1)} a_{n,n} \tag{2.85}$$

$$a_{n-6,n} = \frac{n!}{(n-6)!6!} (-5)(-3)(-1) a_{n,n} \tag{2.86}$$

$$a_{n-6,n} = \binom{n}{6} (-5)(-3)(-1) a_{n,n} \tag{2.87}$$

2.7 Lösung des Eigenwertproblems bei linearer Kraft

Man kann also die Eigenfunktionen wie folgt schreiben.

$$\psi_n(y) = a_{n,n}(2\pi)^{-\frac{1}{4}} \exp\left(-\frac{1}{4}y^2\right)$$
$$\times \left(y^n - 1\binom{n}{2}y^{n-2} + 1\cdot 3\binom{n}{4}y^{n-4} - 1\cdot 3\cdot 5\binom{n}{6}\cdots\right) \quad (2.88)$$

Den Term in eckigen Klammern kann man als Hermitesches Polynom

$$\text{He}_n(y) = (-1)^n \exp\left(\frac{y^2}{2}\right) \frac{d^n}{dy^n}\left(\exp\left(-\frac{y^2}{2}\right)\right) \quad (2.89)$$

zusammenfassen.

$$\psi_n(y) = a_{n,n}(2\pi)^{-\frac{1}{4}} \exp\left(-\frac{1}{4}y^2\right) \text{He}_n(y) \quad (2.90)$$

Es gilt

$$\int_{-\infty}^{\infty} (2\pi)^{-\frac{1}{2}} exp\left(-\frac{y^2}{2}\right) \text{He}_n(y)\,\text{He}_m(y) dy = \begin{cases} 0 & \text{für } m \neq n \\ n! & \text{für } m = n \end{cases} \quad (2.91)$$

Da die Eigenfunktionen orthonormiert sein sollen, kann man auf diese Weise die Konstanten $a_{n,n}$ bestimmen.

$$a_{n,n} = (n!)^{-\frac{1}{2}} \quad (2.92)$$

Die Eigenfunktionen lauten also

$$\psi_n(y) = (n!)^{-\frac{1}{2}}(2\pi)^{-\frac{1}{4}} \exp\left(-\frac{1}{4}y^2\right) \text{He}_n(y) \quad (2.93)$$

Die noch unbestimmten Vorzeichen werden dabei definiert, was allerdings kein Problem darstellt, da bei der Rücktransformation je eine Konstante χ_n entsprechend gewählt werden kann. Das so aufgestellte System von Eigenfunktionen ist orthonormal und vollständig. Die ersten Eigenfunktionen sind in Abbildung 2.5 dargestellt.

Diese Gleichung kann nun rücktransformiert werden.

$$p_n(y,T) = \chi_n \exp(-\lambda_n T) \exp\left(-\frac{V(y)}{2}\right) \psi_n(y) \quad (2.94)$$

$$p_n(y,T) = \chi_n \exp(-nT)(2\pi)^{-\frac{1}{4}}(n!)^{-\frac{1}{2}} \exp\left(-\frac{1}{2}y^2\right) \text{He}_n(y) \quad (2.95)$$

Für $n = 0$ wurde das Problem bereits untersucht. Für $n > 0$ ist kein $p_n(y,T)$ eine Wahrscheinlichkeitsdichte, da diese Funktionen teilweise negativ sind. Außerdem

2 Doppelmuldenpotenzial

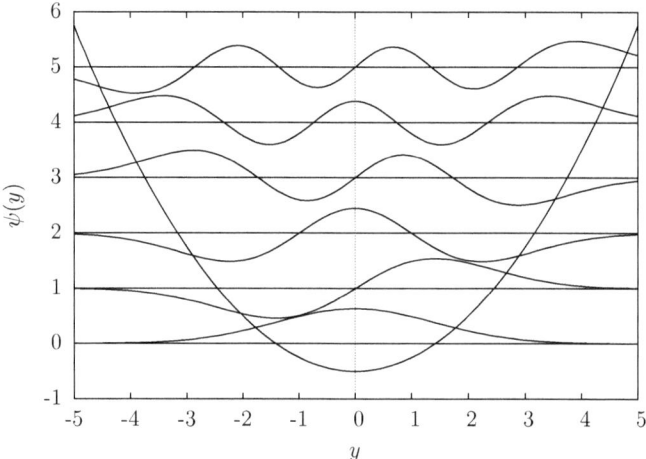

Abb. 2.5: Dargestellt sind die ersten sechs Eigenfunktionen auf Höhe ihrer jeweiligen Eigenwerte bei linearer Kraft.

sind alle Funktionen auf 0 normiert, da man die Gleichung auch als Produkt aus zwei Eigenfunktionen und einer rein zeitabhängigen Funktion schreiben kann.

$$p_n(y, T) = f(T)\psi_0(y)\psi_n(y) \tag{2.96}$$

Die Norm dieser Gleichung wird aufgrund der Orthonormalität der Eigenfunktionen für alle $n > 0$ identisch 0. Alle diese Funktionen lösen jedoch die FPE. Also lösen auch alle Linearkombinationen dieser Funktionen die FPE. Soll dabei eine Wahrscheinlichkeitsdichte heraus kommen, muss diese auf eins normiert sein. Dies ist durch die Wahl $\chi_0 = (2\pi)^{-\frac{1}{4}}$ erfüllt. Die restlichen Parameter $\chi_{n>0}$ müssen so gewählt werden, dass die Anfangsbedingung erfüllt ist und $p(y, T) = \sum_{n=0}^{\infty} p_n(y, T)$ immer positiv ist.

Um die restlichen Faktoren $\chi_{n>0}$ zu bestimmen muss die Anfangsbedingung erfüllt sein. Es muss also

$$p(y, T = 0) = \sum_{n=0}^{\infty} p_n(y, T = 0) \tag{2.97}$$

gelten. Die Anfangsbedingung $y(t = 0) = y_0$ führt in der Wahrscheinlichkeitsverteilung zu einer δ-Funktion.

$$p(y, T = 0) = \delta(y - y_0) \tag{2.98}$$

Dies führt zu einem auswertbaren Ausdruck und einer geschlossenen Form der Wahrscheinlichkeitsdichte.

$$\delta(y - y_0) = \sum_{n=0}^{\infty} \chi_n \exp\left(-\frac{V(y)}{2}\right) \psi_n(y) \qquad (2.99)$$

$$\delta(y - y_0) \psi_m(y) \exp\left(\frac{V(y)}{2}\right) = \sum_{n=0}^{\infty} \chi_n \psi_n(y) \psi_m(y) \qquad (2.100)$$

$$\int_{-\infty}^{\infty} \delta(y - y_0) \psi_m(y) \exp\left(\frac{V(y)}{2}\right) dy = \int_{-\infty}^{\infty} \sum_{n=0}^{\infty} \chi_n \psi_n(y) \psi_m(y) dy \qquad (2.101)$$

$$\psi_m(y_0) \exp\left(\frac{V(y_0)}{2}\right) = \int_{-\infty}^{\infty} \chi_m \psi_m(y) \psi_m(y) dy \qquad (2.102)$$

$$\chi_m = \psi_m(y_0) \exp\left(\frac{V(y_0)}{2}\right) \qquad (2.103)$$

$$p(y, T) = \sum_{n=0}^{\infty} p_n(y, T) \qquad (2.104)$$

$$p(y, T) = \sum_{n=0}^{\infty} \exp(-nT) \exp\left(\frac{V(y_0) - V(y)}{2}\right) \psi_n(y_0) \psi_n(y) \qquad (2.105)$$

Wenn eine allgemeine Anfangsbedingung $p(y, T = 0)$ gelten soll, ergibt sich die folgende Lösung.

$$p(y, T) = \sum_{n=0}^{\infty} \exp(-nT) \exp\left(-\frac{V(y)}{2}\right) \psi_n(y) \int_{-\infty}^{\infty} p(y, T = 0) \psi_n(y) \exp\left(\frac{V(y)}{2}\right) dy \qquad (2.106)$$

2.8 Lösung des Eigenwertproblems im allgemeinen Fall

Der Potenzreihenansatz, der weiter oben erfolgreich war, soll hier ebenfalls angewendet werden.

$$\psi_n(y) = h_n(y) \psi_{\text{st}}(y) \qquad (2.107)$$

$$h_n(y) = \sum_{i=0}^{N} a_{i,n} y^i \qquad (2.108)$$

Setzt man diesen ein, erhält man die Gleichung

$$0 = \frac{d^2}{dy^2} h_n(y) - \frac{d}{dy} h_n(y) \frac{d}{dy} V(y) + \lambda_n h_n(y) \quad , \qquad (2.109)$$

2 Doppelmuldenpotenzial

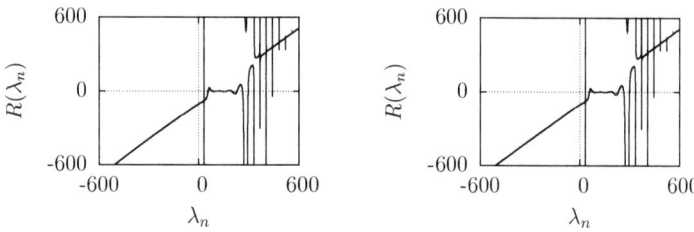

Abb. 2.6: Der Einfluss von $A_{i=i_{\max}-2,n} = \text{const}$ ist unbedeutend. Parameter: $n = 9$, $i_{\max} = 500$, $A_{i=i_{\max}-2,n} = 0{,}0$ (links), $A_{i=i_{\max}-2,n} = 0{,}0$ (rechts), $\alpha = 10{,}0$

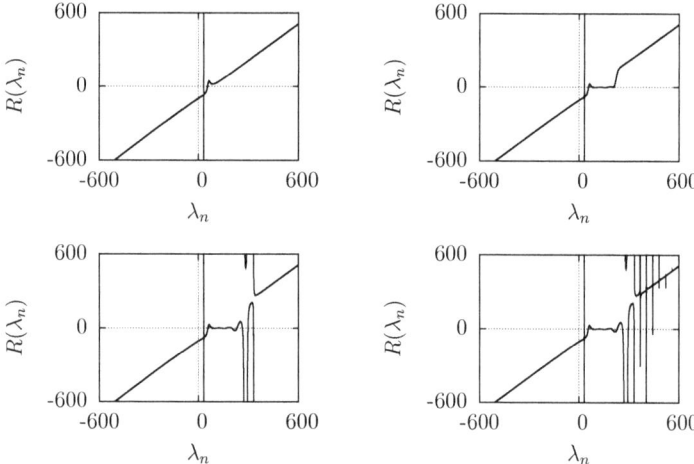

Abb. 2.7: Der Einfluss von $i_{\max}$ zeigt sich bei 10 (links oben), 50 (rechts oben) und 100 (links unten) sehr deutlich. Ab 500 (rechts unten) ist der Einfluss sehr gering und zeigt sich erst bei sehr hohen Eigenwerten. Parameter: $n = 9$, $A_{i=i_{\max}-2,n} = 0{,}0$, $\alpha = 10{,}0$

2.8 Lösung des Eigenwertproblems im allgemeinen Fall

welche man weiter auflösen kann zu

$$0 = \sum_{i=2}^{N} a_{i,n} i(i-1) y^{i-2} - \left(\alpha y + y^3\right) \sum_{i=1}^{N} a_{i,n} i y^{i-1} + \lambda_n \sum_{i=0}^{N} a_{i,n} y^i \quad . \tag{2.110}$$

Dies liefert

$$0 = \sum_{i=0}^{N} a_{i,n} i(i-1) y^{i-2} - \alpha \sum_{i=0}^{N} a_{i,n} i y^i - \sum_{i=0}^{N} a_{i,n} i y^{i+2} + \lambda_n \sum_{i=0}^{N} a_{i,n} y^i \quad . \tag{2.111}$$

Diese Gleichung ist äquivalent zu

$$0 = \sum_{i=0}^{N-2} a_{i+2,n}(i+2)(i+1) y^i - \alpha \sum_{i=0}^{N} a_{i,n} i y^i - \sum_{i=0}^{N+2} a_{i-2,n}(i-2) y^i + \lambda_n \sum_{i=0}^{N} a_{i,n} y^i \quad , \tag{2.112}$$

wenn man $a_{-2,n} = 0$ und $a_{-1,n} = 0$ voraussetzt. Nun stellt sich die Frage, ob dieses Gleichungssystem ähnlich lösbar ist, wie es bei $\beta = 0$ der Fall war. Wenn man die Summen nach Potenzen von y aufteilt, muss jeder Summand identisch 0 werden. Es existiert nur ein Term $i = N + 2$ bzw. $i = N + 1$, woraus folgt, dass $a_{N,n} = 0$ bzw. $a_{N-1,n} = 0$ gelten muss. Daraus folgt, dass auch $a_{N-2,n} = 0$ bzw. $a_{N-3,n} = 0$ gilt. In der Folge werden alle $a_{i,n}$ identisch 0, womit nur die triviale Lösung heraus kommt. Da die triviale Lösung nicht normierbar ist, existiert keine Lösung bei der es ein spezielles N gibt, für das alle $a_{i>N,n}$ identisch 0 sind.

Lösungen für $\lambda > 0$ sind also unendliche Summen. Wenn man davon ausgeht, dass man sehr hohe Potenzen von y vernachlässigen kann, findet man eine Rekursionsformel.

$$0 = (i+2)(i+1) a_{i+2,n} + (\lambda_n - \alpha i) a_{i,n} - (i-2) a_{i-2,n} \tag{2.113}$$

Diese Rekursionsformel ist doppelt verkettet. Es sollen nun Umformungen gemacht werden, die am Ende auf eine numerische Nullstellenberechnung führt. Wir nehmen an, es gelte $a_{i,n} \neq 0$.

$$0 = (i+2)(i+1) \frac{a_{i+2,n}}{a_{i,n}} + (\lambda_n - \alpha i) - (i-2) \frac{a_{i-2,n}}{a_{i,n}} \tag{2.114}$$

Sei

$$A_{i,n} = \frac{a_{i+2,n}}{a_{i,n}} \quad , \tag{2.115}$$

dann ergibt Umstellen der vorherigen Gleichung

$$A_{i,n}^{-1} = \frac{-(i+2)(i+1)}{(\lambda_n - \alpha i) - (i-2) A_{i-2,n}^{-1}} \tag{2.116}$$

$$A_{i-2,n} = \frac{i-2}{(\lambda_n - \alpha i) + (i+2)(i+1) A_{i,n}} \quad . \tag{2.117}$$

2 Doppelmuldenpotenzial

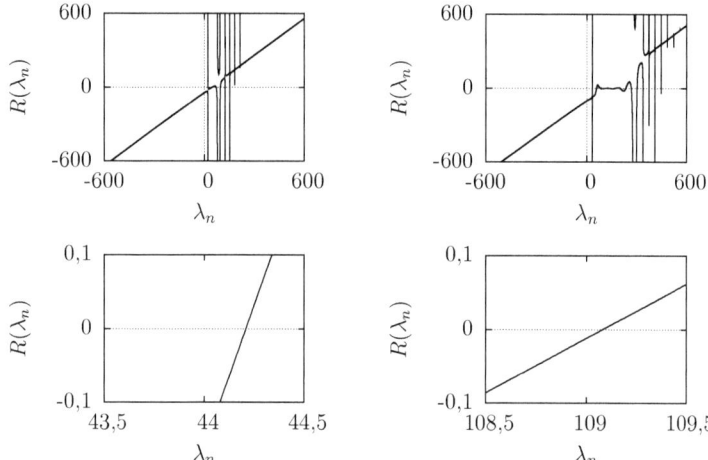

Abb. 2.8: Die Eigenwerte sind durch Nullstellen der Funktion $R_{i,n}(\lambda_n)$ bestimmt. Die Bestimmung ist nicht eindeutig. Parameter: $n = 4$ (links), $n = 9$ (rechts), $i_{\max} = 1000$, $A_{i=i_{\max}-2,n} = 0{,}0$, $\alpha = 10{,}0$

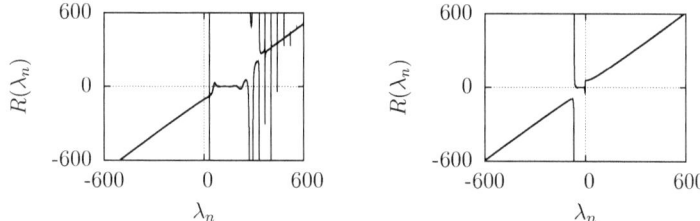

Abb. 2.9: Während es bei positivem Parameter α die Methode zumindest Ergebnisse liefert, versagt die Methode bei negativem Parameter α. Parameter: $n = 9$, $i_{\max} = 500$, $A_{i=i_{\max}-2,n} = 0{,}0$, $\alpha = 10{,}0$ (links), $\alpha = -1{,}0$ (rechts)

Dies sind zwei rekursiv definierte Größen, die sich als von λ abhängige Kettenbrüche darstellen. Man kann also zeigen, dass es eine Gleichung

$$0 = \lambda_n + K_{i,n}(\lambda_n) = R_{i,n}(\lambda_n) \qquad (2.118)$$
$$K_{i,n}(\lambda) = \lambda_n - \alpha i + (i+2)(i+1)A_{i,n} - (i-2)A_{i-2,n}^{-1} \qquad (2.119)$$

gibt, die als Bestimmungsgleichung für λ dienen kann. Es gilt also Werte für λ_n zu finden, bei denen die Gleichung annähernd 0 ergibt. Hierfür müssen die Kettenbrüche konvergieren. Beim Kettenbruch $A_{i,n}^{-1}$ ist dies kein Problem, da a_{-1} und a_{-2} als identisch 0 definiert sind. Das sorgt für einen Abbruch des Kettenbruches ($A_{i<0,n}^{-1} = 0$). Bei $A_{i-2,n}$ ist dies nicht automatisch der Fall. Irgendwann muss ein $a_{i,n}$ künstlich 0 gesetzt werden. Dabei sollte der Fehler möglichst klein sein. Es gilt also zu prüfen, ob dies der Fall ist. Es sei $i_{\max}$ so definiert, dass $a_{i>i_{\max}} = 0$ gelte. Daraus folgt, dass $A_{i>i_{\max}-2,n} = 0$ gilt.

Dies ist eine harte Bedingung und es stellt sich die Frage, ob es auch andere sinnvolle Werte für $A_{i=i_{\max}-2,n}$ = const gibt. Es scheint keinen gravierenden Unterschied zu machen, wie man const wählt. Das Ergebnis ist nur geringfügig anders und der Unterschied lässt sich bei hohen $i_{\max}$ nicht mehr nachweisen. Dies ist in Abbildung 2.6 illustriert. Abbildung 2.7 zeigt, dass es im uns interessierenden Bereich ausreicht, ein recht hohes $i_{\max}$ zu wählen.

Der Weg, die Eigenwerte zu finden, ist der, dass man sich i und α für $K_{i,n}(\lambda)$ vorgibt, den Kettenbruch $A_{i,n}$ bei einer möglichst hohen Ordnung abbricht und die Nullstelle sucht.

Das Ergebnis ist leider nicht eindeutig. Wenn man weiß, wo die Nullstellen sein sollen, findet man mit dieser Methode bei $\alpha > 0$ sehr präzise die gesuchten Eigenwerte als Nullstellen der Funktion. Leider gibt es mehr als eine Nullstelle und es ist nicht klar, welche man nehmen soll. Die Kettenbrüche konvergieren teilweise nicht und es entstehen Nullstellen, denen kein Eigenwert entspricht. Abbildung 2.8 zeigt die Funktion $R_{i,n}(\lambda_n)$ bei zwei verschiedenen Eigenwerten im Ganzen und die gesuchten Nullstellen im Detail. Bei Parametern $\alpha < 0$ gibt es nur Nullstellen bei negativen Eigenwerten, was keinem Eigenwert entsprechen kann. Anscheinend versagt die Methode in diesem Bereich. Dies ist in Abbildung 2.9 dargestellt.

2.9 Verhalten der Eigenwerte bei verschiedenen Näherungen

Es wurde gezeigt, dass die Lösung des Problems nicht in analytischer Form gefunden werden kann. In bestimmten Grenzfällen ist es jedoch trotzdem möglich, analytische Ausdrücke für die Eigenwerte zu finden. Es sollen prinzipiell folgende Fälle untersucht werden:

- $\alpha \ll 0$ und kleine λ_n

2 Doppelmuldenpotenzial

- $\alpha \gg 0$ und kleine λ_n
- $\alpha = 0$ und beliebige λ_n

Bei großen Eigenwerten λ_n dominiert der kubische Teil der Kraft, womit dieser Fall mit dem dritten Fall gleichzusetzen ist, in dem der lineare Teil der Kraft verschwindet. Die restlichen Fälle sind Übergangsfälle zwischen den erwähnten Fällen.

2.9.1 Stark ausgeprägte Doppelmulde

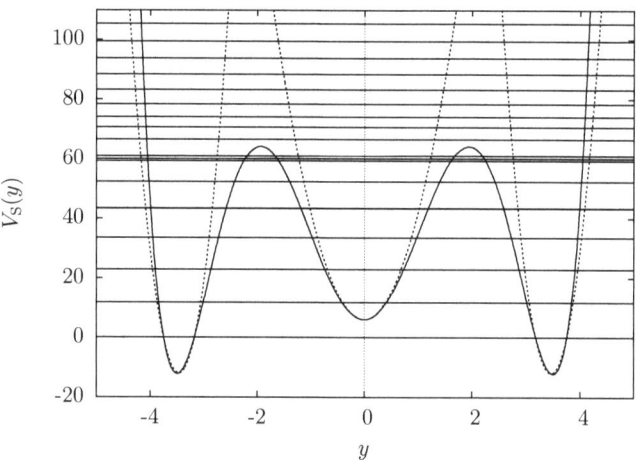

Abb. 2.10: Schrödinger-Potenzial (durchgezogene Linie) bei $\alpha = -12$, genäherte Teilpotenziale (gestrichelten Linien) für $\alpha \ll 0$ und numerisch ermittelte Eigenwerte (horizontale Linien)

Im ersten Fall ergibt sich eine stark ausgeprägte Doppelmulde im Potenzial. Das Schrödinger-Potenzial hat drei Mulden. Alle drei Mulden lassen sich durch harmonische Potenziale annähern.

Zunächst werden die Extrema des Schrödinger-Potenzials bestimmt.

n	y_n	$V_{\mathrm{S}}(y_n)$
1	$-\sqrt{-\frac{2}{3}\alpha + \sqrt{2 + \frac{\alpha^2}{9}}}$	$-\sqrt{2 + \frac{\alpha^2}{9}} + \alpha\left(\frac{1}{2} - \frac{\alpha^2}{54} - \frac{\alpha}{18}\sqrt{2 + \frac{\alpha^2}{9}}\right)$
2	$-\sqrt{-\frac{2}{3}\alpha - \sqrt{2 + \frac{\alpha^2}{9}}}$	$+\sqrt{2 + \frac{\alpha^2}{9}} + \alpha\left(\frac{1}{2} - \frac{\alpha^2}{54} + \frac{\alpha}{18}\sqrt{2 + \frac{\alpha^2}{9}}\right)$

2.9 Verhalten der Eigenwerte bei verschiedenen Näherungen

n	y_n	$V_S(y_n)$
3	0	$-\frac{\alpha}{2}$
4	$+\sqrt{-\frac{2}{3}\alpha - \sqrt{2+\frac{\alpha^2}{9}}}$	$+\sqrt{2+\frac{\alpha^2}{9}} + \alpha\left(\frac{1}{2} - \frac{\alpha^2}{54} + \frac{\alpha}{18}\sqrt{2+\frac{\alpha^2}{9}}\right)$
5	$+\sqrt{-\frac{2}{3}\alpha + \sqrt{2+\frac{\alpha^2}{9}}}$	$-\sqrt{2+\frac{\alpha^2}{9}} + \alpha\left(\frac{1}{2} - \frac{\alpha^2}{54} - \frac{\alpha}{18}\sqrt{2+\frac{\alpha^2}{9}}\right)$

Interessant sind die Minima bei $n = 1$, $n = 3$ und $n = 5$. Wenn $\alpha \ll 0$ ist, kann man 2 gegenüber $\frac{\alpha^2}{9}$ vernachlässigen, wodurch die Minimumstellen deutlich einfacher werden. Setzt man diese in das Schrödinger-Potenzial ein, erhält man auch hier einfache Ausdrücke.

n	$y_{n,\alpha\ll 0}$	$V_S(y_{n,\alpha\ll 0})$
1	$-\sqrt{-\alpha}$	α
3	0	$-\frac{\alpha}{2}$
5	$+\sqrt{-\alpha}$	α

Mittels Taylor-Reihen-Entwicklung um die Minimumstellen und der Annahme, dass α stark negativ ist, kann man zeigen, dass das Schrödinger-Potenzial um die Minimumstellen annähernd quadratisch ist.

$$V_{S,\text{lin},1}(y) = \alpha^2 \left(y + \sqrt{-\alpha}\right)^2 + \alpha \qquad (2.120)$$

$$V_{S,\text{lin},2}(y) = \left(\frac{\alpha}{2}\right)^2 y^2 - \frac{\alpha}{2} \qquad (2.121)$$

$$V_{S,\text{lin},3}(y) = \alpha^2 \left(y - \sqrt{-\alpha}\right)^2 + \alpha \qquad (2.122)$$

Man kann die Eigenwerte dieser Potenziale bestimmen.

$$\lambda_{n,1} = -2n_1\alpha \qquad\qquad n_1 > 0 \qquad (2.123)$$
$$\lambda_{n,2} = -(n_2 + 1)\alpha \qquad\qquad n_2 > 0 \qquad (2.124)$$
$$\lambda_{n,3} = -2n_3\alpha \qquad\qquad n_3 > 0 \qquad (2.125)$$

Dabei wurde zunächst davon ausgegangen, dass alle drei Potenziale für sich allein stehen. Man könnte somit jeweils eine Eigenfunktion für jeden Eigenwert ermitteln und hätte das Problem gelöst. Es muss allerdings eine normierte Gesamtwellenfunktion gebildet werden, die die Symmetriebedingungen über das komplette Schrödinger-Potenzial erfüllt. Für diese Wellenfunktionen gibt es auch nur jeweils einen Wert für λ, der das zeitliche Verhalten der Wellenfunktion bestimmt.

Der Grundzustand der Gesamtwellenfunktion ($\lambda = 0$) führt dazu, dass $n_1 = 0$ und $n_3 = 0$ gewählt werden müssen. Allerdings führt dies zu $n_2 = -1$, was unterhalb des Potenzials liegt. Dieser eigentlich *verbotene* Bereich ist in diesem Fall durchaus erlaubt. Es wird gefordert, dass die Wellenfunktion normierbar ist, was bei einer divergierenden Wellenfunktion nicht der Fall ist. Es existiert allerdings immer

2 Doppelmuldenpotenzial

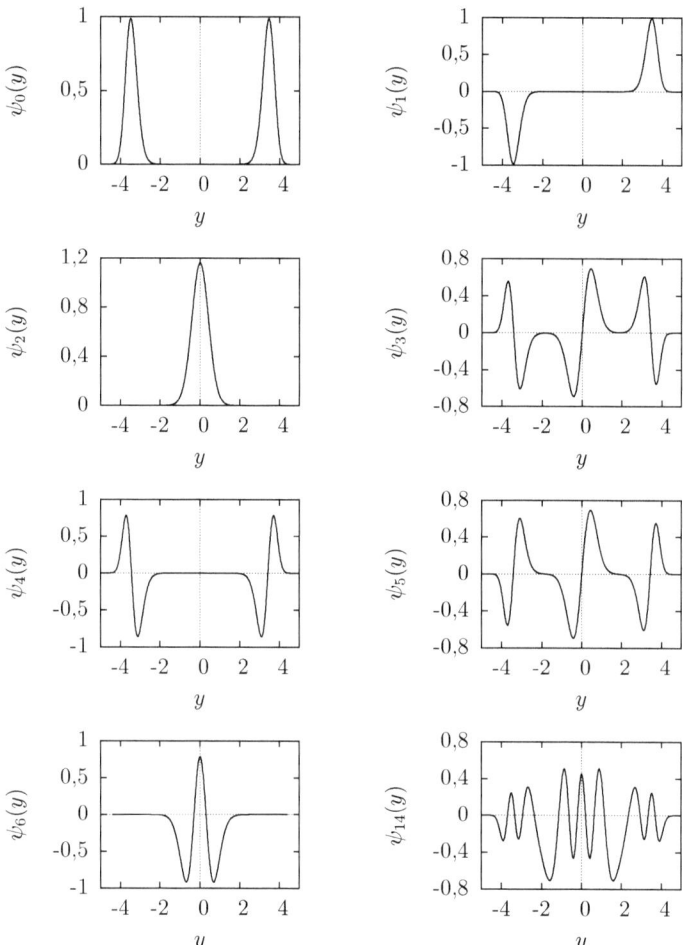

Abb. 2.11: Dargestellt sind die ersten sieben numerisch ermittelten Eigenfunktionen, bei denen eine ausgeprägte Doppelmulde vorliegt. Zusätzlich ist für $n = 14$ die Eigenfunktion dargestellt, wobei der zugehörige Eigenwert kurz über den beiden lokalen Maxima des Potenzials liegt. Überall ist $\alpha = -12$.

2.9 Verhalten der Eigenwerte bei verschiedenen Näherungen

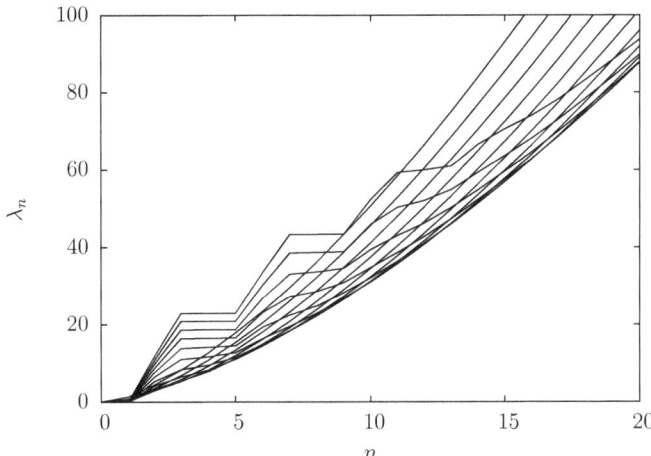

Abb. 2.12: Dargestellt sind die numerisch ermittelten Eigenwerte bei $\alpha \leq 0$. Bei der am stärksten ausgebildeten Treppenstruktur handelt es sich um den Fall $\alpha = -12$. Es folgen $\alpha = -11$, $\alpha = -10$ usw. bis $\alpha = 0$.

die triviale Lösung $\psi(y) = 0$, die die Differentialgleichung löst, allerdings ebenfalls nicht die Forderung nach Normierbarkeit erfüllt. Die Wellenfunktion ist allerdings in den beiden äußeren Potenzialen ungleich 0. Zusätzlich ist sie normierbar. Eine mögliche Gesamtwellenfunktion für den Grundzustand besteht also aus den beiden Grundzustandswellenfunktionen $\psi_{0,1}(y) > 0$ und $\psi_{0,3}(y) > 0$ der beiden äußeren Potenzialtöpfe und der trivialen Lösung $\psi_{0,2}(y) = 0$ in der Mitte. Diese Lösung ist symmetrisch. Es existiert auch eine antisymmetrische Lösung, wenn man statt $\psi_{0,3}(y) > 0$ $\psi_{0,3}(y) < 0$ nimmt. Man kann also sagen, dass der Grundzustand entartet ist, es gibt zwei Wellenfunktionen für einen Eigenwert. Es stellt sich die Frage, wie Eigenfunktionen höherer Eigenwerte aussehen.

Der nächsthöhere Eigenwert ist $\lambda = -\alpha$, dabei ist $n_2 = 0$. Für die beiden äußeren Potenziale ergäbe sich $n_{1/3} = 0{,}5$, was jedoch kein Eigenwert ist, es bleibt also für diese Potenziale nur die triviale Lösung. Aus diesem Grund wird es nur eine symmetrische Lösung geben. Der Eigenwert ist nicht entartet. Beim nächsthöheren Eigenwert $\lambda = -2\alpha$ haben alle Potenziale nichttriviale Lösungen. Dabei liefern alle Potenziale antisymmetrische Lösungen. Wenn das mittlere Potenzial nichttrivial sein soll, ergeben sich zwei Möglichkeiten für eine antisymmetrische Gesamtwellenfunktion. Für den Fall der trivialen Lösung des mittleren Potenzials eröffnet sich die Möglichkeit einer symmetrischen Gesamtwellenfunktion. Es wären andere Wellenfunktionen denkbar, allerdings ergäben sich diese alle als Linearkombinationen der

2 Doppelmuldenpotenzial

bereits genannten Wellenfunktionen. Der Eigenwert ist also dreifach entartet.

Analog dazu ergibt sich ein weiterer nicht entarteter Eigenwert, worauf wieder ein dreifach entarteter Eigenwert folgt. Dieser Wechsel setzt sich fort, bis die quadratische Näherung nicht mehr gültig ist. Dies ist definitiv der Fall, wenn die Eigenwerte die lokalen Maxima erreicht haben. Dieser Wert steigt jedoch in der dritten Potenz von α.

Um eine Vorstellung von der Lage der Eigenwerte zu bekommen, zeigt Abbildung 2.10 die numerisch ermittelten Eigenwerte (siehe dazu Kapitel 2.11) und das Schrödinger-Potenzial für $\alpha = -12$. In der Grafik sind zusätzlich die genäherten Potenziale eingezeichnet. Sehr gut zu sehen ist die Aufhebung der Eigenwertentartung oberhalb der lokalen Maxima. Abbildung 2.11 zeigt numerisch ermittelte Eigenfunktionen für das in Abbildung 2.10 dargestellte Potenzial. Man kann sehr gut erkennen, dass sich die Eigenfunktionen in genannter Weise verhalten. Abbildung 2.12 zeigt, dass sich die diskutierte Entartung der Eigenwerte bei kleinen Eigenwerten und stark negativen α zeigt.

2.9.2 Stark ausgeprägte Einzelmulde

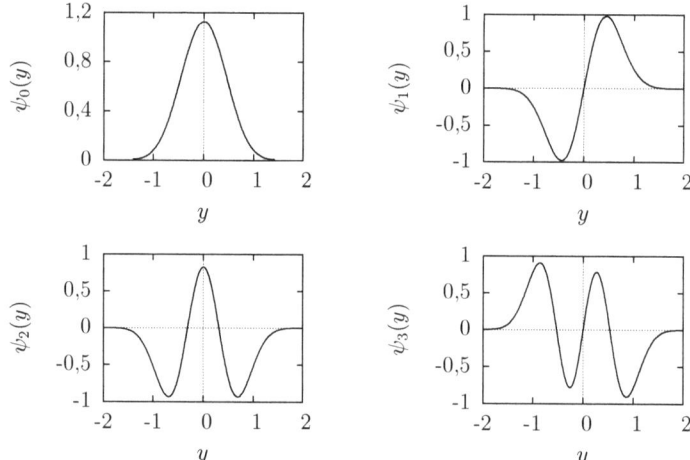

Abb. 2.13: Dargestellt sind die ersten vier Eigenfunktionen bei $\alpha = 10$. Die Eigenfunktionen sind denen eines harmonischen Potenzials ähnlich.

Für stark positive α überwiegt bei moderaten Werten von y der quadratische Teil

2.9 Verhalten der Eigenwerte bei verschiedenen Näherungen

des Schrödingerpotenzials

$$V_S(y) = \frac{1}{4}y^6 + \frac{\alpha}{2}y^4 + \frac{\alpha^2 - 6}{4}y^2 - \frac{\alpha}{2} \qquad (2.126)$$

und es ergibt sich ein harmonisches Potenzial. In erster Näherung sollten also die Eigenwerte einen linearen Verlauf zeigen. Abbildung 2.13 zeigt die ersten vier numerisch ermittelten Eigenfunktionen bei $\alpha = 10$. Vergleicht man diese mit den in Abbildung 2.5 dargestellten Eigenfunktionen eines harmonischen Potenzials, deutet die Ähnlichkeit der Eigenfunktionen ebenfalls auf diese Annahme hin.

Dies kann als Ansatz für eine zeitunabhängige Störungsrechnung verwendet werden. Hierfür sind einige Skalierungen sinnvoll.

$$z = \sqrt{\frac{\alpha}{2}}\, y \qquad (2.127)$$

$$\lambda = \alpha E \qquad (2.128)$$

$$U_S(z) = \frac{V_S(y)}{\alpha} \qquad (2.129)$$

$$\epsilon = \frac{2}{\alpha^2} \qquad (2.130)$$

Setzt man diese ein, erhält man ein Potenzial

$$U_S(z) = -\frac{1}{2} + \frac{1}{2}z^2 + \epsilon\left(-\frac{3}{2}z^2 + z^4\right) + \epsilon^2 \frac{1}{2}z^6 \qquad (2.131)$$

und die dazu gehörige Differenzialgleichung

$$-\frac{1}{2}\frac{\mathrm{d}^2}{\mathrm{d}z^2}\psi(z) + U_S(z)\psi(z) = E\psi(z) \quad . \qquad (2.132)$$

Ausgehend von der Tatsache, dass stark positive α betrachtet werden, kann ϵ als kleine Größe angesehen werden. Somit kann das Schrödinger-Potenzial in zwei Teile zerlegt werden.

$$U_S(z) = U_0(z) + U_\epsilon(z) \qquad (2.133)$$

$$U_0(z) = -\frac{1}{2} + \frac{1}{2}z^2 \qquad (2.134)$$

$$U_\epsilon(z) = \epsilon\left(-\frac{3}{2}z^2 + z^4\right) + \epsilon^2 \frac{1}{2}z^6 \qquad (2.135)$$

In erster Näherung wird $\epsilon = 0$ gesetzt. So kann das Problem geschlossen gelöst werden.

$$\psi_n^0(z) = 2^{-\frac{n}{2}}(n!)^{-\frac{1}{2}}\pi^{-\frac{1}{4}}\exp\left(-\frac{1}{2}z^2\right) He_n(z) \qquad (2.136)$$

$$E_n^0 = n \qquad (2.137)$$

2 Doppelmuldenpotenzial

Allgemein gilt für die Energiekorrekturen $E_n^{p>0}$

$$E_n^p = \langle \psi_n^0(z) | U_\epsilon(z) | \psi_n^{p-1}(z) \rangle \quad . \tag{2.138}$$

Angewendet auf den Fall $p = 1$ und übersetzt in eine integrale Schreibweise heißt das

$$E_n^{1\prime} = \int_{-\infty}^{\infty} U_\epsilon(z) \psi_n^0(z) \psi_n^0(z) \mathrm{d}z \quad . \tag{2.139}$$

Dies kann gelöst werden.

$$E_n^{1\prime} = -\frac{3}{2}\epsilon \langle \psi_n^0(z) | z^2 | \psi_n^0(z) \rangle \tag{2.140}$$

$$+ \epsilon \langle \psi_n^0(z) | z^4 | \psi_n^0(z) \rangle \tag{2.141}$$

$$+ \frac{1}{2}\epsilon^2 \langle \psi_n^0(z) | z^6 | \psi_n^0(z) \rangle \tag{2.142}$$

$$\langle \psi_n^0(z) | z^2 | \psi_n^0(z) \rangle = n + \frac{1}{2} \tag{2.143}$$

$$\langle \psi_n^0(z) | z^4 | \psi_n^0(z) \rangle = \frac{3}{4}\left[(n+1)^2 + n^2\right] \tag{2.144}$$

$$\langle \psi_n^0(z) | z^6 | \psi_n^0(z) \rangle = \frac{15}{8}\left(1 + \frac{8}{3}n + 2n^2 + \frac{4}{3}n^3\right) \quad . \tag{2.145}$$

Nach der Störungsrechnung erster Ordnung ergibt sich somit die erste Korrektur der Energieeigenwerte.

$$E_n^{1\prime} = \frac{3}{\alpha^2}n^2 + \frac{1}{4\alpha^4}\left(15 + 40n + 30n^2 + 20n^3\right) \tag{2.146}$$

Es ist sinnvoll, den zu α^{-4} proportionalen Term zu vernachlässigen. Zum einen ist der Term sehr klein, zum anderen werden Terme dieser Ordnung durch die Korrektur zweiter Ordnung beigesteuert.

$$E_n^1 = \frac{3}{\alpha^2}n^2 \tag{2.147}$$

Die zweite Korrektur der Energieeigenwerte lässt sich über die Formel

$$E_n^{2\prime} = \sum_{m \neq n} \frac{|\langle \psi_m^0(z) | U_\epsilon(z) | \psi_n^0(z) \rangle|^2}{E_n^0 - E_m^0} \tag{2.148}$$

berechnen. Dabei ergibt sich die zweite Energieeigenwertkorrektur

$$E_n^2 = -\frac{1}{4\alpha^4}\left(15 + 64n + 30n^2 + 68n^3\right) \quad . \tag{2.149}$$

Bei der Berechnung wurden Terme, die proportional zu α^{-6} sind, bereits vernachlässigt. Ausgehend von den drei Energietermen kann man nun die Eigenwerte λ_n in

2.9 Verhalten der Eigenwerte bei verschiedenen Näherungen

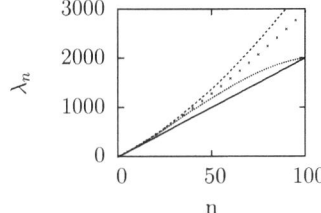
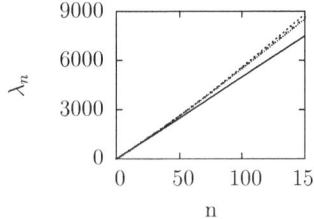

Abb. 2.14: Verschiedene Näherungen der Eigenwerte (links: $\alpha = 20$, rechts: $\alpha = 50$); Kreuze: numerische Ergebnisse (jeder fünfte Eigenwert), durchgezogene Linie: λ_n^0, lang gestrichelte Linie: λ_n^1, kurz gestrichelte Linie: λ_n^2

verschiedenen Näherungen angeben.

$$\lambda_n^0 = \alpha E_n^0 \qquad\qquad = \alpha n \qquad (2.150)$$

$$\lambda_n^1 = \alpha(E_n^0 + E_n^{1\prime}) \qquad = \alpha n + \frac{3}{\alpha} n^2 \qquad (2.151)$$

$$\lambda_n^2 = \alpha(E_n^0 + E_n^{1\prime} + E_n^2) \qquad = \alpha n + \frac{3}{\alpha} n^2 - \frac{6}{\alpha^3}\left(n + 2n^3\right) \qquad (2.152)$$

In der grafischen Darstellung 2.14 sieht man sehr deutlich, dass die Näherungen eine deutliche Verbesserung der theoretischen Eigenwerte liefern. Bei noch relativ kleinen Werten für den Parameter α beschränkt sich die Güte der Näherungen auf kleine Eigenwerte. Bei größeren Parameterwerten sind die Näherungen auch über einen größeren Eigenwertebereich sinnvoll.

Wenn man die gleiche Art der Näherung auf den Fall großer α anwendet, erkennt man, dass man die Näherungen für die drei Mulden separat machen muss. Das funktioniert für die mittlere Mulde einigermaßen gut und man erlangt für kleine Eigenwerte eine gute Korrektur zur linearen Abhängigkeit. Für die beiden äußeren Mulden sieht das anders aus. Hier zeigt sich, dass Korrekturen höherer Ordnung nötig wären.

2.9.3 Die quasiklassische Näherung

Ein weiterer interessanter Grenzfall ist der für sehr hohe Eigenwerte. Der Grund ist der, dass dabei die genaue Form des Potenzials keine Rolle spielt. Das bedeutet, dass der Parameter α am prinzipiellen Verlauf kaum eine Rolle spielen sollte. Für die Ausgangsgleichung

$$-\psi''(y) + V_\mathrm{S}(y)\psi(y) = \lambda\psi(y) \qquad (2.153)$$

wird der Ansatz

$$\psi(y) = \aleph \exp(S(y)) \qquad (2.154)$$

2 Doppelmuldenpotenzial

gemacht. Setzt man diesen Ansatz ein, erhält man die Gleichung

$$\psi''(y) = \aleph \exp(S(y)) \left(S''(y) + S'^2(y) \right) \quad , \tag{2.155}$$

welche man mit der Näherung

$$S''(y) \ll S'^2(y) \tag{2.156}$$

vereinfachen kann. Die Näherung ist zumindest für den Grundzustand und weit ab von den Mulden des Potenzials gerechtfertigt. Da jedoch große Eigenwerte betrachtet werden sollen, spielt dieses Argument keine große Rolle. Da Eigenfunktionen höherer Eigenwerte jedoch nicht bekannt sind, muss das Endergebnis die Näherung später rechtfertigen. Es ergibt sich eine Bestimmungsgleichung für $S(y)$.

$$-S'^2(y)\psi(y) + V_S(y)\psi(y) = \lambda\psi(y) \tag{2.157}$$

$$S'^2(y) = V_S(y) - \lambda \tag{2.158}$$

Sei y_A über $V_S(y_A) = \lambda$ definiert. Dann kann man folgende Gleichungen aufstellen.

$$S'(y) = \begin{cases} \pm\sqrt{V_S(y) - \lambda} & |y| > y_A \\ \pm i\sqrt{\lambda - V_S(y)} & |y| < y_A \end{cases} \tag{2.159}$$

Im ersten Fall kann man das Vorzeichen aus der Bedingung ermitteln, dass die Eigenfunktionen für $y \to \pm\infty$ gegen 0 gehen sollen. Der Wurzelterm selbst ist in diesem Fall stark positiv. Bei positivem Vorzeichen wird die Funktion $S(y)$ also nach links stark negativ, nach rechts stark positiv. Da $S(y)$ im Exponenten steht, wird die Eigenfunktion nach links zu 0. Somit kann das positive Vorzeichen gewählt werden. Auf der rechten Seite muss dafür das negative Vorzeichen gewählt werden.

$$S_1(y) = \int_{-y_A}^{y} \sqrt{V_S(y) - \lambda}\, dy \tag{2.160}$$

$$S_3(y) = -\int_{y_A}^{y} \sqrt{V_S(y) - \lambda}\, dy \tag{2.161}$$

Die andere Integrationsgrenze ist prinzipiell egal, da sie bei der Wellenfunktion nur einen Faktor darstellt und in der Normierung aufgeht. Die jewels andere Integrationsgrenze bei $\pm y_A$ zu setzen, erscheint sinnvoll, da dann die unnormierte Eigenfunktion einen Wert von 1 und einen Anstieg von 0 hat.

Für den zweiten Fall findet man eine solche Bedingung nicht. Im folgenden sei

$$I_1(y) = \int_{-y_A}^{y} \sqrt{V_S(y) - \lambda}\, dy \tag{2.162}$$

$$I_2(y) = \int_{-y_A}^{y} \sqrt{\lambda - V_S(y)}\, dy \tag{2.163}$$

$$I_3(y) = \int_{y_A}^{y} \sqrt{V_S(y) - \lambda}\, dy \quad . \tag{2.164}$$

2.9 Verhalten der Eigenwerte bei verschiedenen Näherungen

Die Auswertung des Integrals $I_2(y)$ führt also auf die Lösung der Eigenfunktion.

$$S_2(y) = \pm i I_2(y) \tag{2.165}$$

$$\exp(S_2(y)) = \cos(I_2(y)) \pm i \sin(I_2(y)) \tag{2.166}$$

Wir interessieren uns für den Realteil der Funktion und deren Anschlussbedingung. Aus diesem Grund kann der Imaginärteil vernachlässigt werden. Auf diese Weise kann man eine Gesamtgleichung für die Wellenfunktion angeben.

$$\psi = \aleph \begin{cases} \exp(I_1(y)) & y \leq -y_A \\ \cos(I_2(y)) & -y_a < y < y_A \\ \pm \exp(-I_3(y)) & y \geq y_A \end{cases} \tag{2.167}$$

Das Vorzeichen bei der dritten Gleichung ist darauf zurück zu führen, dass es symmetrische (+) und antisymmetrische (−) Lösungen gibt. Diese Lösung ist stetig und differenzierbar an der Übergangsstelle $y = -y_A$. Damit sie auch bei $y = y_A$ stetig ist, muss $I_2(y_A)$ ein Vielfaches von π sein. Dadurch ergibt sich eine Diskretisierung von $I_2(y_A)$.

$$n = \frac{I_2(y_A)}{\pi} \tag{2.168}$$

Da λ die Grenzen des Integrals bestimmt, ergibt das eine indirekte Diskretisierung von λ selbst.

Für weitere Untersuchungen muss das Integral $I_2(y_A)$ berechnet werden, was nicht in geschlossener Form möglich ist. Allerdings lässt es sich näherungsweise berechnen.

$$I_2(y_A) = n\pi \tag{2.169}$$

$$= \int_{-y_A}^{y_A} \sqrt{\lambda - V_S(y)}\, dy \tag{2.170}$$

$$= \int_0^{y_A} \sqrt{(y_A^6 - y^6) + 2\alpha(y_A^4 - y^4) + (\alpha^2 - 6)(y_A^2 - y^2)}\, dy \tag{2.171}$$

Die Skalierung

$$y = y_A \xi \tag{2.172}$$

überführt das Integral in die Form

$$I_2(y_A) = y_a^4 \int_0^1 \sqrt{(1 - \xi^6) + \frac{2\alpha}{y_A^2}(1 - \xi^4) + \frac{\alpha^2 - 6}{y_A^4}(1 - \xi^2)}\, d\xi \quad, \tag{2.173}$$

welches sich näherungsweise lösen lässt.

$$I_2(y_A) = y_A^4 \frac{\sqrt{\pi}}{12} \frac{\Gamma\left(\frac{1}{6}\right)}{\Gamma\left(\frac{5}{3}\right)} \left(1 + \mathcal{O}\left(\frac{1}{y_A^2}\right)\right) \tag{2.174}$$

2 Doppelmuldenpotenzial

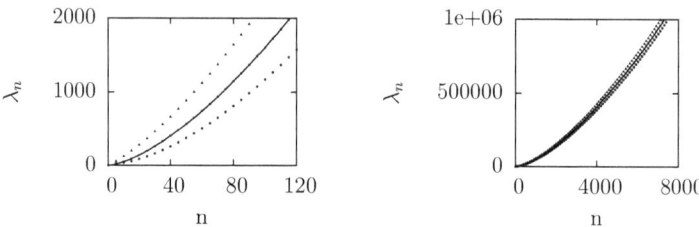

Abb. 2.15: Die quasiklassische Näherung (durchgezogene Linie) stimmt sehr gut mit dem Fall $\alpha = 0$ (Kreuze) überein. Für die Fälle $\alpha = 10$ (Dreiecke) und $\alpha = -10$ (Vierecke) ist die Näherung schlecht. Links ist einer von fünf Eigenwerten dargestellt, rechts ist es einer von hundert.

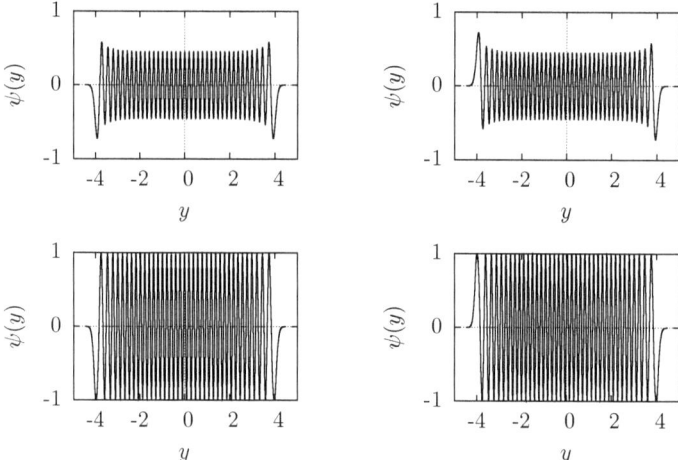

Abb. 2.16: Dargestellt sind die Eigenfunktionen für $n = 74$ (links) und $n = 75$ (rechts) bei $\alpha = 0$. Oben wurden die Eigenfunktionen aus numerischen Rechnungen ohne Näherungen ermittelt und normiert. Unten sind numerische Ergebnisse mithilfe der quasiklassischen Näherung ermittelt worden. Eine Normierung wurde nicht vorgenommen.

2.9 Verhalten der Eigenwerte bei verschiedenen Näherungen

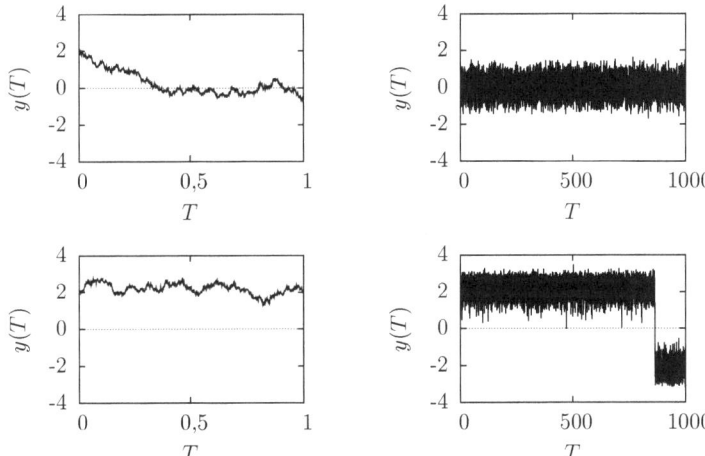

Abb. 2.17: Dargestellt sind Trajektorien bei $y_0 = 2$ und $\alpha = 5$ (oben) bzw. $\alpha = -5$ (unten).

Auch den Eigenwert kann man nähern.

$$\lambda = \frac{1}{4}y_A^6 + \frac{\alpha}{2}y_A^4 + \frac{\alpha^2 - 6}{4}y_A^2 - \frac{\alpha}{2} \tag{2.175}$$

$$y_A^6 = 4\lambda \left(1 + \mathcal{O}\left(\frac{1}{y_A^2}\right)\right) \tag{2.176}$$

Wenn man Gleichungen (2.168), (2.174) und (2.174) ineinander einsetzt, erhält man eine Näherung für die Eigenwerte.

$$\lambda_n \approx 1{,}6\, n^{\frac{3}{2}} \tag{2.177}$$

Aus numerischen Rechnungen geht hervor, dass die Eigenwerte von α abhängen. Diese Abhängigkeit geht bei der Näherung verloren. In Abbildung 2.15 kann man erkennen, dass die Näherung nur bei $\alpha = 0$ sehr gut mit den numerischen Werten übereinstimmt. In diesem Fall verschwindet der zu y^4 proportionale Term im Schrödinger-Potenzial. Dadurch verbessert sich die Näherung erheblich, in die nur der zu y^6 proportionale Term eingeht.

Abbildung 2.16 zeigt zwei Eigenfunktionen mit hohem Eigenwert. Die oberen Bilder wurden numerisch ermittelt und beinhalten keine Näherung. Die unteren Bilder sind numerische Lösungen der Gleichung (2.167) mit der Näherung (2.177) und (2.174). Der prinzipielle Verlauf stimmt sehr gut überein. Wenn sich die Eigenfunktion den Potenzialrändern nähert, wird die Näherung schlechter. Scheinbar ist hier die Näherung (2.156) nicht mehr gut.

2.10 Simulation des Problems

Eine in jedem Fall mögliche Methode, das System zu untersuchen, ist die Simulation. Hierbei werden Trajektorien erzeugt, die entweder jede einzeln oder in ihrer Gesamtheit analysiert werden. Die Aufenthaltswahrscheinlichkeit lässt sich beispielsweise aus einer Trajektorie ermitteln, indem man sie über einen langen Zeitraum untersucht. Wenn der Zeitraum lang genug ist, wird die Anfangssituation vergessen und es ergibt sich die Langzeitlösung. Wenn man die Aufenthaltswahrscheinlichkeit zu einem bestimmten Zeitpunkt wissen will, muss man viele Trajektorien zu diesem Zeitpunkt untersuchen. Aus der Verteilung dieser Orte kann man die Aufenthaltswahrscheinlichkeit ermitteln. Wenn der untersuchte Zeitpunkt lang genug vom Ausgangszeitpunkt entfernt ist, ergibt sich auch hier die Langzeitlösung. Die Methode zur Erzeugung der Trajektorien ist in Kapitel A auf Seite 109 dargestellt.

2.10.1 Simulation einzelner Trajektorien

In Abbildung 2.17 sind zwei Trajektorien dargestellt, die den prinzipiellen Charakter des Systems sehr gut darstellen. Oben hat das Potenzial nur eine Mulde bei $y = 0$. Die Trajektorie bewegt sich von ihrem Ausgangspunkt bei $y = 2$ weg (links) und schwankt anschließend um die Ruhelage bei $y = 0$ (rechts). Unten hat das Potenzial eine ausgeprägte Doppelmuldenstruktur, wobei die Minima bei etwa $y = \pm 2{,}35$ liegen. Um das rechte Minimum schwankt die Trajektorie dann auch. Nach langer Zeit jedoch springt die Trajektorie in den anderen Potenzialtopf und schwingt dort weiter um das linke Minimum.

An diesem Beispiel ist zu sehen, wie aus einem monostabilen System durch die Änderung eines Parameters ein bistabiles System werden kann. Schön ist zu erkennen, dass die Anfangsbedingung nach kurzer Zeit vergessen ist.

2.10.2 Simulation von Verteilungen

In Abbildung 2.18 sieht man den zeitlichen Verlauf zweier Wahrscheinlichkeitsverteilungen. Die Verteilungen wurden aus Trajektorien ermittelt. In Abbildung 2.19 ist links der Vergleich zwischen den aus Trajektorien und den nach Gleichung

$$p(y,T) = \sum_{n=0}^{\infty} \exp(-\lambda_n T) \exp\left(\frac{V(y_0) - V(y)}{2}\right) \psi_n(y_0)\psi_n(y) \qquad (2.178)$$

erzeugten Verteilungen dargestellt. Rechts ist die Langzeitlösung nach Gleichung (2.39) und anhand einer Langzeitsimulation dargestellt. Die Übereinstimmung ist in beiden Fällen sehr gut.

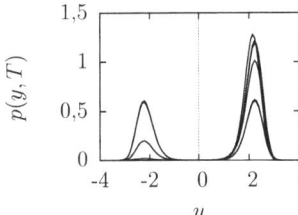 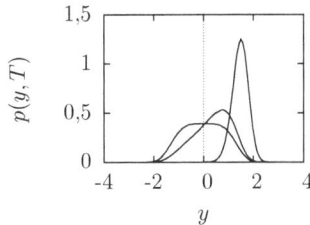

Abb. 2.18: Dargestellt sind Verteilungen bei $\alpha = -5$ (links) bzw. $\alpha = 0$ (rechts) zu unterschiedlichen Zeiten (links: $T = 0{,}1$, $T = 1$, $T = 10$, $T = 100$, $T = 1000$, $T = 10000$; rechts: $T = 0{,}1$, $T = 1$, $T = 10$). Man kann gut erkennen, dass sich die Verteilungen der jeweiligen Langzeitlösung nähern.

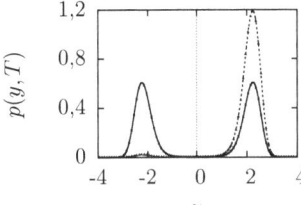 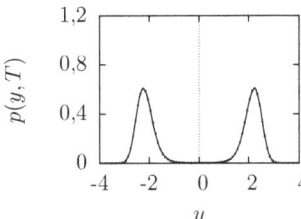

Abb. 2.19: Links ist der Vergleich zwischen Simulation und Numerik dargestellt ($\alpha = -5$, $T = 10$ bzw. $T = 10000$). Rechts ist die analytische Lösung verglichen mit der Simulation bei $T = 10000$ ($\alpha = -5$).

2.11 Numerische Lösung des Eigenwertproblems

Für die numerische Ermittlung von Eigenwerten und -funktionen wurden drei Verfahren verwendet. Das Numerov-Verfahren ist in Kapitel A auf Seite 110 beschrieben. Dieses Verfahren wurde in Kombination mit der Artillerie-Methode (siehe Kapitel A, Seite 110) verwendet. Die bei der Normierung benötigte numerische Integration ist in Kapitel A auf Seite 111 dargestellt. Ein Test des Verfahrens an dem analytisch lösbaren harmonischen Potenzial ist in Kapitel A auf Seite 112 zu finden. Ausgewählte numerisch ermittelte Eigenwerte sind ebenfalls in Kapitel A auf Seite 121 aufgelistet.

3 Analyse von Verkehrsdaten

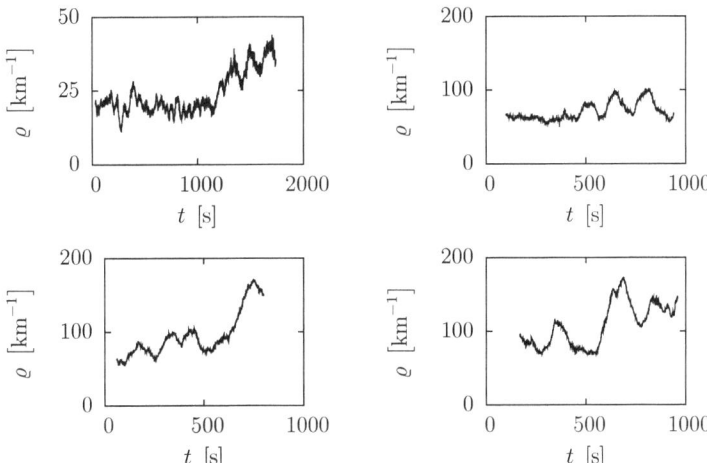

Abb. 3.1: Auftragung der Verkehrsdichte der Datensätze D1, D2, D3 und D4 (von links nach rechts und von oben nach unten) über der Zeit. Verwendet wurden nur die Spuren 2–5.

Das Ziel einer jeden Verkehrsbeobachtung ist es, die Informationen zu erlangen, die zur Lösung für die aktuell gestellte Aufgabe nötig sind. Bei der Anpassung der Höchstgeschwindigkeit eines Autobahnabschnittes könnten das beispielsweise Flüsse und Geschwindigkeiten an bestimmten Stellen sein. Ein schönes Beispiel dafür Verkehrsleitsysteme, die die Höchstgeschwindigkeit dynamisch anpassen. Für Stauvorhersagen liegt der Fall ähnlich. Prof. Schreckenberg von der Universität Duisburg-Essen hat solch ein System realisiert. Hierbei werden aktuelle Verkehrsinformationen als Eingangsdaten für zellulare Automaten-Verkehrsflussmodelle (siehe [18, 42]) genutzt, die in kurzer Zeit viele Realisierungen des Verkehrs der nächsten 30 oder 60 min berechnen und so Wahrscheinlichkeitsaussagen über Staubildung und Ähnliches machen können. Bei beiden Beispielen ist die Rückkopplung sehr wichtig. Die wirklich eingetretene Situation legt Parameter der Simulation oder der Rechnung fest und ermöglicht so eine präzisere Vorhersage beim nächsten mal. Wie wichtig

3 Analyse von Verkehrsdaten

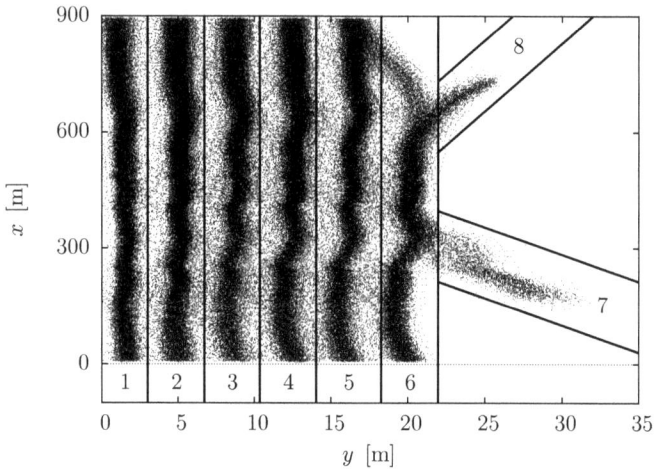

Abb. 3.2: Straßenzug mit jedem zehnten Datenpunkt aus D1.

das ist, zeigt sich, wenn man lange sich lange genug die Verkehrssituation auf [5] anschaut. Ein Unfall auf der linken Spur einer Autobahn führt meist zu einer Verringerung der Geschwindigkeit auf der Gegenspur. Der Grund dafür ist natürlich die Neugier der Fahrer, die wissen wollen, was auf der anderen Spur passiert ist.

Die Aufnahme der Daten erfolgt meist über Zählschleifen an signifikanten Stellen. Der Informationsgehalt solcher Zählschleifen beschränkt sich auf die Belegung der Strecke und die Geschwindigkeit der Fahrzeuge. Der Erfolg der darauf aufbauenden Projekte (siehe [5]) allein begründet den Einsatz dieser Technik. Den Wunsch, den Verkehr auf eine fundamentalere Weise zu verstehen, können sie allerdings nicht erfüllen. Hierfür ist es nötig, detailliertere Daten des Straßenverkehrs auszuwerten. Solche Daten werden beispielsweise im NGSIM-Projekt (Next Generation Simulation) seit Dezember 2003 in Form von Trajektoriendatensätzen aus Videomaterial erzeugt. Diese Datensätze lassen sich auf der Projektseite [43] nach einer Registrierung herunterladen.

In dieser Arbeit werden die Trajektoriendaten des NGSIM-Projektes untersucht, die entlang der Interstate 80 (I-80) zwischen der Powell Street und der Ashby Avenue Emeryville, Kalifornien erzeugt wurden. Eine detaillierte Beschreibung des Projektes findet auf der Projektseite [43]. Diese umfassen einen Prototypendatensatz, der 45 min Trajektoriendaten enthält und drei weitere Datensätze, die jeweils 15 min Daten enthalten. Im folgenden werde ich die Abkürzung *D1* für den Prototypendatensatz und *D2*, *D3* und *D4* für die kleineren Datensätze verwenden. In Abbildung 3.1 sind die Dichteverläufe der vier Datensätze über der Zeit aufgetragen. Beim Da-

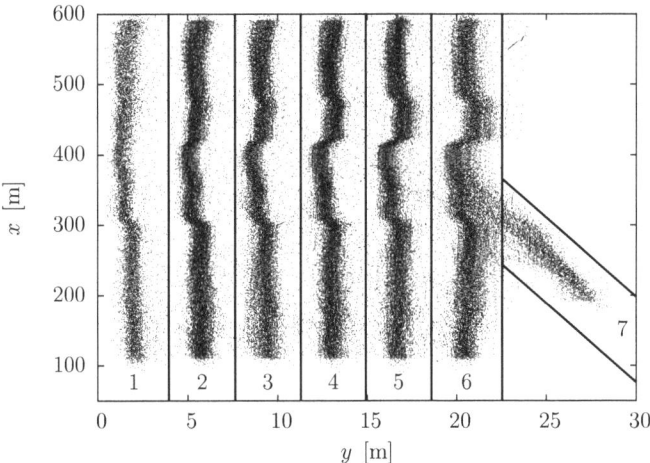

Abb. 3.3: Straßenzug mit jedem zehnten Datenpunkt aus D2.

tensatz D1 kann man sehen, dass sich in den ersten 30 min ein anderes Verkehrsbild zeigt als in den letzten 15 min. Wenn ich speziell auf diese Bereiche Bezug nehme, verwende ich zusätzlich die Bezeichnungen *D1a* und *D1b*. Am Anfang und am Ende sind Spuren in den Datensätzen nicht gefüllt, da die Datensätze nur komplette Trajektorien beinhalten. Diese Bereiche wurden für die Abbildung 3.1 entfernt. Die Dichte ergibt sich aus den Nettoabständen (siehe Gleichung (3.1)) und der Anzahl der Fahrzeuge.

Die Trajektoriendatensätze sind deshalb so interessant, weil sie Informationen zu den Reaktionen der Fahrer auf sie umgebende Fahrzeuge liefern. Diese Reaktionen werden in der vorliegenden Arbeit allgemein als Wechselwirkung bezeichnet. Der Grund für diese Bezeichnung ist die Herangehensweise, den Straßenverkehr als System von wechselwirkenden Teilchen zu betrachten. Dies hat den Vorteil, dass man aus der Physik bekannte Methoden verwenden kann, um den Verkehr zu verstehen und vor allem Vorhersagen zu machen. In diesem Sinne kann man auch die Datensätze als Ergebnis eines Experimentes interpretieren, aus denen man Wechselwirkungen heraus lesen und an denen man Modelle kalibrieren und testen kann.

Das NGSIM-Projekt hat entlang der I-80 Kameras installiert, die den Verkehr filmten. Aus diesem Videomaterial wurden Trajektoriendaten extrahiert und in Textdateien geschrieben. Ausschnitte aus diesen Datensätzen sind im Kapitel A auf Seite 115 dargestellt. Vor der Auswertung wurden die Datensätze von mir aufbereitet. Die Art und Weise dieser Aufbereitung ist in [24] detailliert dargestellt. Die Abbildungen 3.2 und 3.3 zeigen die zweidimensionalen Trajektorien und die Benennung der Spu-

3 Analyse von Verkehrsdaten

ren. Aus diesen Grafiken kann man sehr gut erkennen, wie kompliziert die Erfassung des gesamten Problems ist. Eine erste Einschränkung wird daher sein, die Trajektorien nur eindimensional zu betrachten. Eine Interaktion zwischen zwei Fahrzeugen findet also nur statt, wenn sie hintereinander fahren. In [24] wurde versucht, auch Interaktionen zwischen Fahrzeugen benachbarter Spuren für die Analyse und Simulation von Spurwechseln zu betrachten. Es zeigte sich jedoch, dass Spurwechsel sehr kompliziert sind und durch viele Einflüsse bestimmt werden.

3.1 Zeit-Weg-Abbildungen

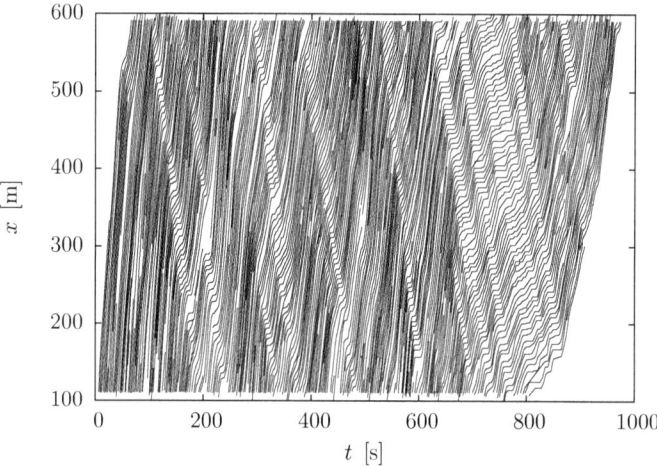

Abb. 3.4: Dargestellt ist Spur 4 aus D3. Man kann sehr gut erkennen, dass sich Störungen im Straßenverkehr sehr formstabil rückwärts bewegen.

Für einen ersten Überblick, welche Verkehrssituation zur Zeit der Aufnahme geherrscht hat, sind Zeit-Weg-Abbildungen (folgend *TSP* für time-space-plot genannt) sehr hilfreich. Bei dieser Darstellung werden die Ortsdaten der Fahrzeuge (in Fahrtrichtung) über der Zeit aufgetragen. Dies geschieht für jede Spur separat. Linien mit geringem Anstieg bedeuten eine geringe Geschwindigkeit. Linien, die gar horizontal sind, bedeuten Stillstand.

Abbildung 3.4 zeigt, dass Gebiete des Stillstands, also kleine Staus sehr stabil sind. Die Geschwindigkeit, also der Anstieg der Geraden durch die sich bewegende Staufront, mit der sich diese Staus entgegen der Fahrtrichtung bewegen, liegt bei rund $-4{,}7\,\frac{m}{s}$. Dieser Wert ist eine Art Naturkonstante für die Verkehrsforschung.

3.1 Zeit-Weg-Abbildungen

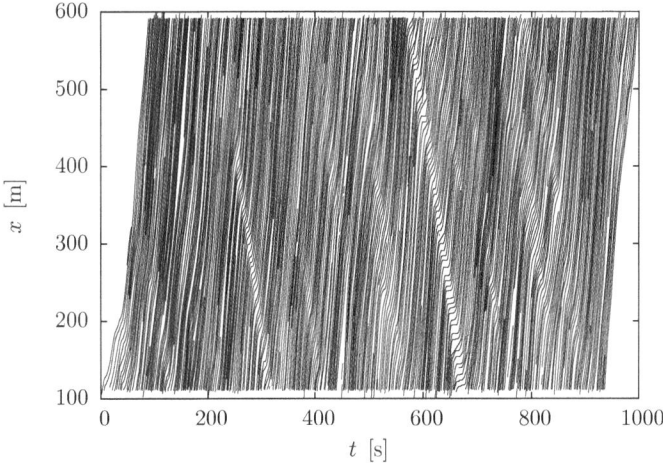

Abb. 3.5: Dargestellt ist Spur 2 aus D2. Eine spontan entstandene Verkehrsstörung ($t = 250$ s, $x = 400$ m) bleibt stabil und bewegt sich rückwärts.

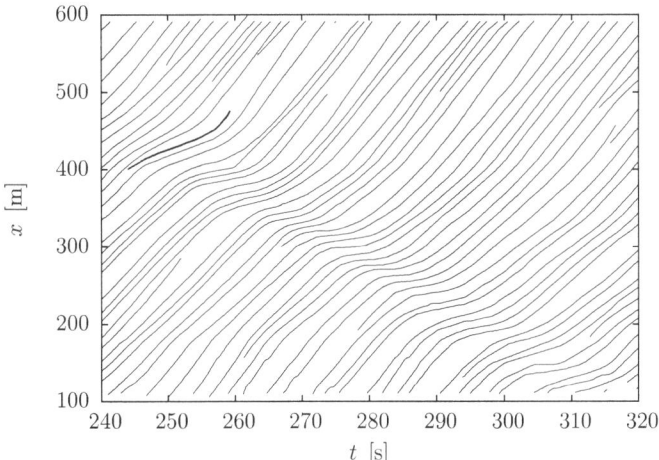

Abb. 3.6: Dargestellt ist Spur 2 aus D2. Durch einen doppelten Spurwechsel (dicke Linie) entsteht eine Verkehrsstörung.

3 Analyse von Verkehrsdaten

Es ist nicht klar, woher sie kommt, aber sie scheint weltweit zu existieren. Dies ist interessant, wenn man nach Wegen sucht, allgemein gültige Aussagen über Verkehrsmodelle zu treffen.

In Abbildung 3.5 kann man bei $t = 220$ s und $x = 420$ m sehen, wie sich eine Verkehrsstörung bildet und dann stabil bleibt (zu Stoßwellen im Straßenverkehr siehe [49]). Schaut man sich den Bereich der Bildung der Störung genauer an, erkennt man in Abbildung 3.6, dass ein Fahrzeug die Spur überquert hat, kurz bevor es zum Stau kommt. Es ist also anzunehmen, dass dieser Fahrer mit seinen Spurwechseln den Stau auslöste. Verfolgt man diesen Fahrer zurück, kann man in Abbildung 3.7 erkennen, dass er von der Auffahrtsspur (Spur 7) bis auf die High-occupancy vehicle (*HOV*) lane (Spur 1) wechselt. Das sind sechs Spurwechsel in einer Minute, andere Fahrzeuge wechseln gar nicht die Spur. Dieses Beispiel soll zwei Aspekte des Straßenverkehrs verdeutlichen.

Zum einen sind Staus kaum direkt vorhersagbar. Damit will ich sagen, es ist nicht klar, aus welcher Verkehrssituation sich ein Stau entwickelt. Es gibt begünstigende Faktoren wie eine hohe Verkehrsdichte oder einen Flaschenhals wie etwa eine Baustelle. Der konkrete Ort und die konkrete Zeit bleiben aber unklar. Man ist versucht zu sagen, dass der Stau aus dem Nichts [56] ein purer stochastischer Prozess ist [36, 10, 11, 12, 13]. Das obige Beispiel zeigt aber, dass zumindest dieser Stau eine Ursache (den spurwechselnden Fahrer) hatte, was wiederum dazu führt, dass man nun jedem Stau eine Ursache zuweist und ihn als deterministisch bezeichnet (siehe dazu [4, 3]). Die Wahrheit liegt irgendwo dazwischen. Wahrscheinlich ist es das Chaos, das die Entstehung eines Staus wohl am besten beschreibt. Aus der Ferne betrachtet scheint es ein Zufallsprozess zu sein. Aus der Nähe wirkt alles deterministisch.

Zum anderen zeigt dieses Beispiel, wie stark der Verkehr durch Spurwechsel beeinflusst wird. Spurwechsel führen zum Ausgleich der Verkehrsdichte verschiedener Spuren. Spurwechsel werden getrieben, durch das Ziel des Fahrers. Spurwechsel werden sogar aus purer Langeweile oder zur Vermeidung einer eingeschränkten Sichtweite (wie etwa durch einen LKW) durchgeführt. So vielfältig wie die Gründe für einen Spurwechsel sind dessen Möglichkeiten der Durchführung. Aggressive Fahrer nutzen kleine Lücken, andere warten, bis eine Lücke groß genug. Einige Fahrer nutzen intensiv den Blinker, um mit anderen Fahrzeugen zu kommunizieren. Diese lassen dann eventuell Platz für einen Spurwechsel. Gerade der aggressive Fahrer oben ist ein Beispiel für einen mehrfachen Spurwechsel der wiederum anders abläuft als ein einzelner. Diese Überlegungen sollen zeigen, wie vielfältig das Thema Spurwechsel ist. Alle vier Datensätze enthalten insgesamt 7258 Spurwechsel. Obwohl dies eine große Zahl zu sein scheint, ist sie doch gering, wenn man ein Spurwechselmodell erzeugen will. In [24] wurde dies auf sehr einfache Art und Weise versucht. Es stellte ich heraus, dass selbst in diesem einfachen Modell bis zu vier Parameter stecken können. Dazu kommen individuelle Parameter, die das Verhalten in Bezug auf den Vordermann bestimmen. Von den vorhandenen Spurwechseln müssen auch viele verworfen werden, weil sie zu weit am Rand des beobachteten Gebietes stattfanden. Bei diesen würden eventuelle Gründe für den Spurwechsel verborgen bleiben, eine Einordnung

3.1 Zeit-Weg-Abbildungen

wäre daher nicht möglich.

Dies alles führt dazu, dass in dieser Arbeit Spurwechsel nicht bearbeitet werden. Es wird sich auf das Fahrzeug-Folge-Verhalten (zukünftig *FFV* genannt) konzentriert. Dies führt dazu, dass die HOV-Spur nicht betrachtet wird, da sich dort der Verkehr meist ungestört fortbewegt. Dies kann man sehr schön im TSP 3.8 sehen. Der TSP von Spur 2 3.9 zeigt dagegen bereits deutliche Verkehrsstörungen, was für die Theorie des Straßenverkehrs natürlich lohnender zu untersuchen ist. Sowohl die Auf- und Abfahrtsspur als auch die direkt angrenzende Spur werden ebenfalls nicht untersucht werden. Die Abfahrtsspur (Spur 8) ist überhaupt nur in D1 enthalten und ist zu kurz, als dass man gut FFV untersuchen könnte. Die Auffahrtsspur (Spur 7) ist ebenfalls zu kurz und wird sicher zu stark vom anstehenden Spurwechsel eines jeden Fahrzeugs geprägt sein. Abbildung 3.10 zeigt den TSP von Spur 7 in D2. Auch hier kann man trotzdem die typische Stabilität von Verkehrsstörungen beobachten. Spur 6 wird ebenfalls nicht weiter ausgewertet. Allerdings zeigt Abbildung 3.11 einen interessanten Aspekt, den man beim Thema Spurwechsel beachten müsste. Die Abbildung zeigt zum einen, dass Fahrzeuge für andere Fahrzeuge Platz schaffen, wenn diese die Spur wechseln wollen. Zum anderen sieht man, dass typische Strukturen unbeeinflusst von der erhöhten Dichte weiter existieren. Diese Spur wird also ebenfalls stark von Spur 7 und den erzwungenen Spurwechseln beeinflusst, was sie für die geplanten Untersuchungen unbrauchbar macht. Insgesamt bleiben also die Spuren 2–5 übrig, die für die Untersuchung des FFV interessant sind.

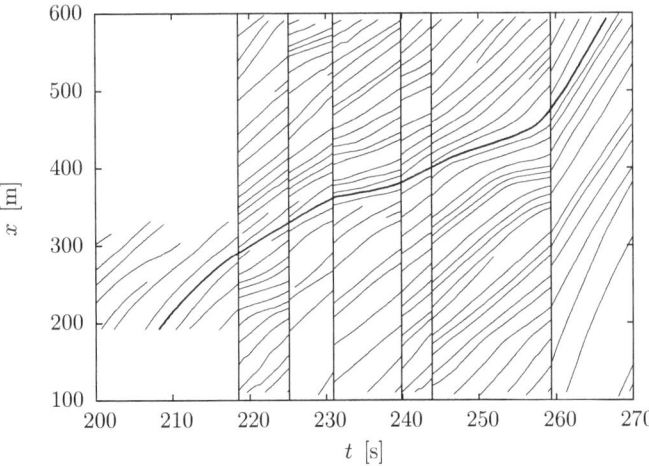

Abb. 3.7: Dargestellt ist D2. Einzelnes Fahrzeug wechselt in kurzer Zeit von Spur 7 (links) bis auf Spur 1 (rechts).

3 Analyse von Verkehrsdaten

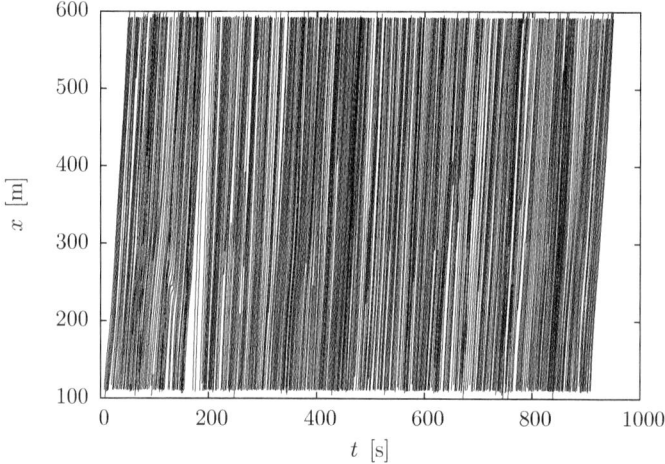

Abb. 3.8: Dargestellt ist Spur 1 aus D3. Auf der HOV-Spur ist der Verkehr annähernd frei von Störungen.

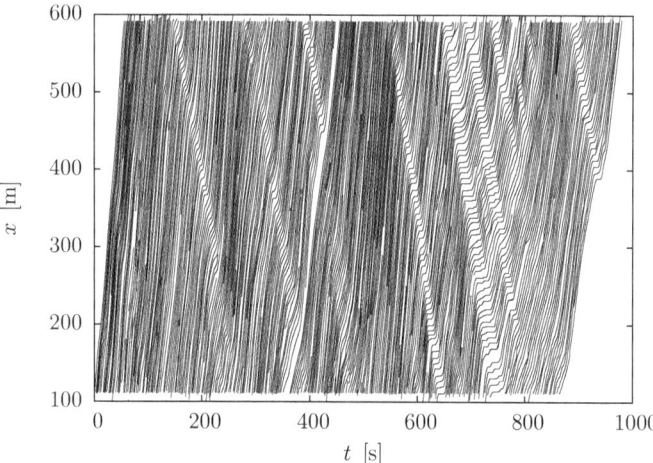

Abb. 3.9: Dargestellt ist Spur 2 aus D3. Schon eine Spur neben der HOV-Spur zeigt der Verkehr viele Störungen.

3.1 Zeit-Weg-Abbildungen

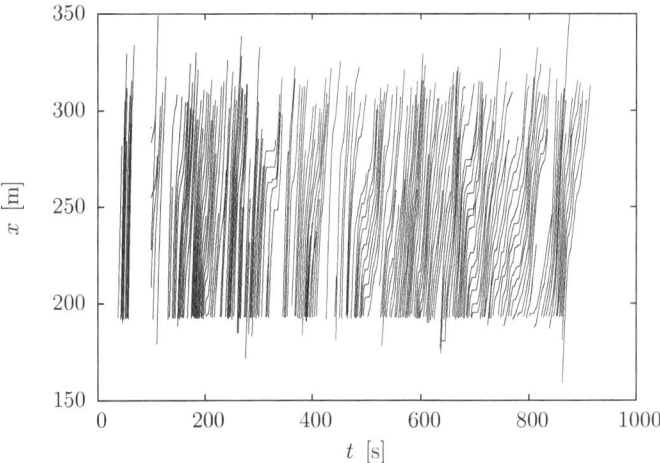

Abb. 3.10: Spur 7 aus D3: Auch die Auffahrtsspur zeigt typische Verkehrs-Charakteristika wie zum Beispiel sich rückwärts bewegende, stabile Störungen.

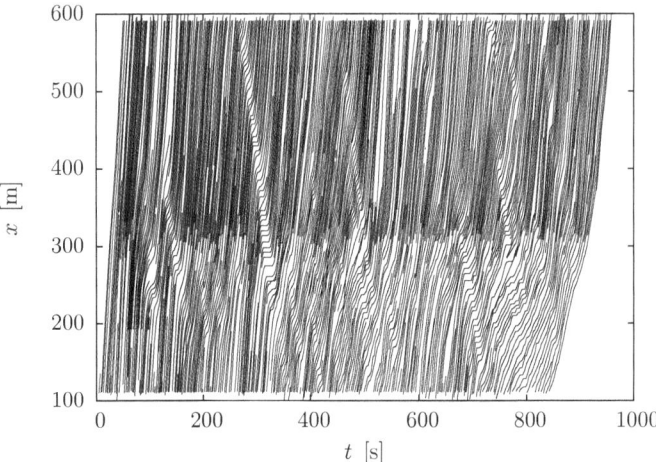

Abb. 3.11: Dargestellt ist Spur 6 aus D3. Die Spur links neben der Auffahrtsspur zeigt das ungestörte Einordnen von Fahrzeugen. Selbst Störungen pflanzen sich ungehindert fort.

3.2 Fundamentaldiagramm

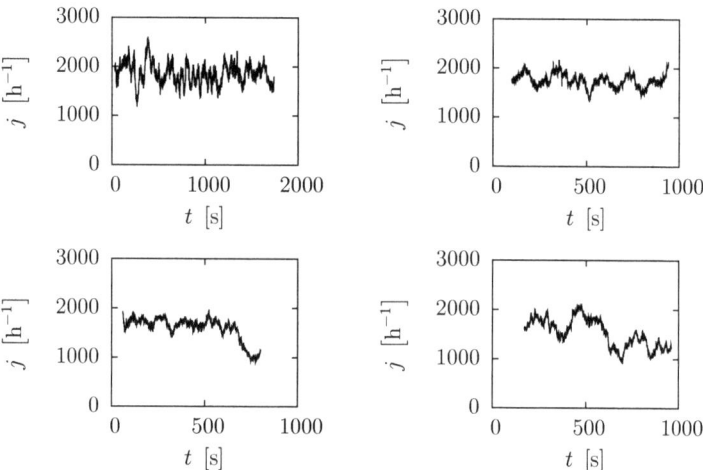

Abb. 3.12: Auftragung des Verkehrsflusses der Datensätze D1, D2, D3 und D4 (von links nach rechts und von oben nach unten) über der Zeit. Verwendet wurden nur die Spuren 2–5.

In Abbildung 3.1 wurde die Dichte als ein wichtiges Element zur Beurteilung einer Verkehrssituation erwähnt. Aus Sicht der Optimierung einer Straße ist jedoch die Anzahl der Fahrzeuge, die pro Zeit eine Strecke passieren (Fluss j) wichtiger als die Dichte an sich. Abbildung 3.12 zeigt analog zu Abbildung 3.1 den Verlauf des Flusses über der Zeit. Dabei ist der Fluss das Produkt aus der Dichte ϱ und der mittleren Geschwindigkeit der betrachteten Fahrzeuge. Es zeigt sich, dass der Fluss nicht direkt mit der Dichte korreliert ist. Allerdings kann man den Fluss über der Dichte auftragen und erhält das Fundamentaldiagramm (siehe dazu [7, 19, 6, 35]), dass für die beobachtete Straße charakteristisch ist. Dies ist in Abbildung 3.13 dargestellt.

Interessant ist, dass sich das Fundamentaldiagramm grob in drei Bereiche einteilen lässt. Es gibt einen linearen Bereich, in dem der Fluss linear mit der Dichte ansteigt. Hier konzentrieren sich die Datenpunkte aus D1a. Es folgt ein wolkenartiger Bereich bei leicht erhöhter Dichte. In diesem Bereich findet man die Datenpunkte aus D1b. Der dritte Bereich ist ein Bereich, in dem der Fluss klar mit der Dichte abnimmt. Es gibt keinen Grund, anzunehmen, dass der zweite und dritte Bereich ein prinzipiell unterschiedliches Verhalten zeigen. Vielmehr deutet die Abbildung 3.13 an, dass es nur zwei Bereiche gibt, in denen prinzipiell Anderes passiert. Die Lücke zwischen dem zweiten und dritten Bereich ist aufgrund der fehlenden Daten in diesem Dichte-

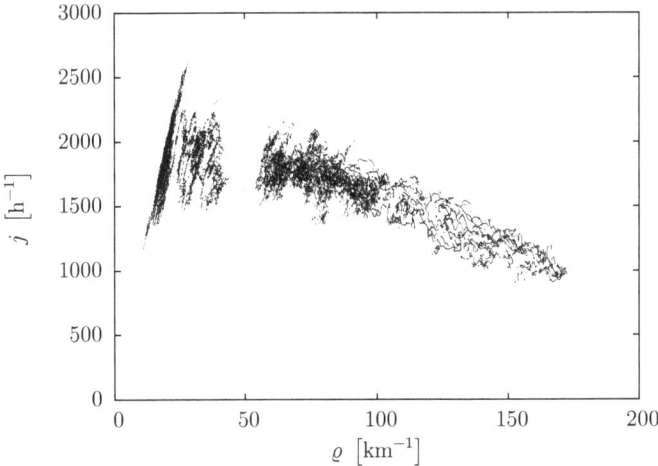

Abb. 3.13: Das Fundamentaldiagramm beschreibt in übersichtlicher Weise die Charakteristik einer Straße.

bereich zu erklären. Ob es eine dritte Phase bei noch höheren Dichten gibt, lässt sich aus diesen Daten nicht ermitteln. Boris Kerner vertritt die Meinung, dass es genau drei Phasen sind, die das Fundamentaldiagramm beinhaltet (siehe dazu [14, 15])

3.3 Felddaten

Anhand von TSPs wurde erläutert, was grundsätzlich das Verhalten des Straßenverkehrs charakterisiert. Man konnte erkennen, dass die HOV-Spuren immer Züge des freien Verkehrs zeigen, dass Spurwechsel sehr stark die Stabilität des Verkehrs beeinflussen und dass für Untersuchungen des FFV nur die Spuren 2–5 interessant sind. Die Betrachtung der Dichte über der Zeit hilft dabei, die Situation auf der Straße einzuschätzen. Sehr abstrakt beschreibt das Fundamentaldiagramm die Straße und ihre Verkehrscharakteristik selbst. Es stellt die Verbindung zwischen Dichte und Fluss her und zeigt, dass die Straßen eine Kapazitätsgrenze (maximaler Fluss) haben.

Als ein nächster Schritt eignen sich Felddaten dafür, Wechselwirkungen zu untersuchen. Hierfür wurden aus den Datensätzen alle Fahrzeugpaare analysiert, die über mindestens eine Sekunde hintereinander fuhren. Es wurden die jeweilige Geschwindigkeit, der Abstand, die Geschwindigkeitsdifferenz und die jeweiligen Änderungen nach einer Sekunde aufgenommen. Aus diesen Daten kann man also ermitteln, wie

3 Analyse von Verkehrsdaten

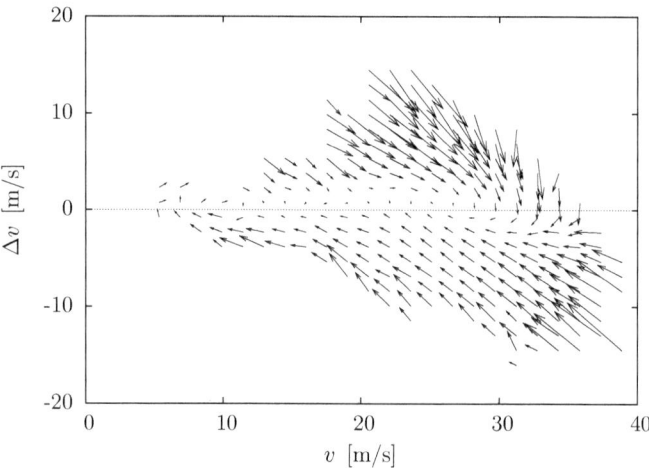

Abb. 3.14: Tendenziell gleicht ein Fahrzeug durch eine eigene Geschwindigkeitsänderung Geschwindigkeitsdifferenzen aus.

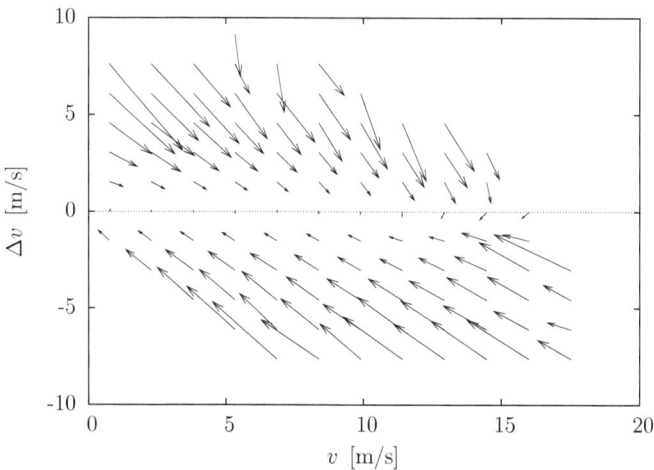

Abb. 3.15: Bei $v = 5\,\frac{\mathrm{m}}{\mathrm{s}}$ und $\Delta v = 0\,\frac{\mathrm{m}}{\mathrm{s}}$ existiert ein stabiler Punkt.

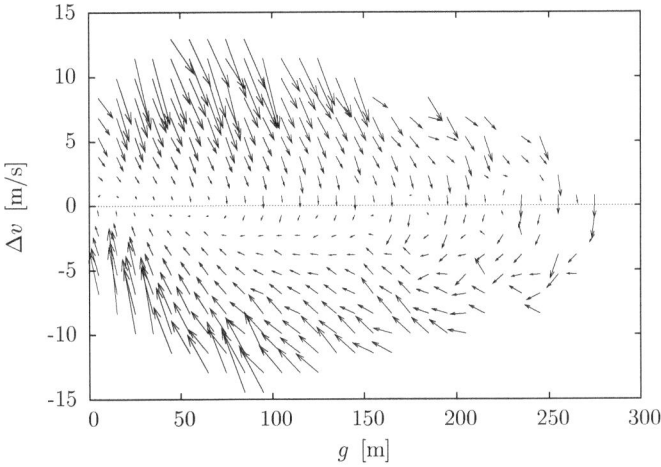

Abb. 3.16: In erster Näherung bestimmt die Geschwindigkeitsdifferenz die Änderung des Abstandes.

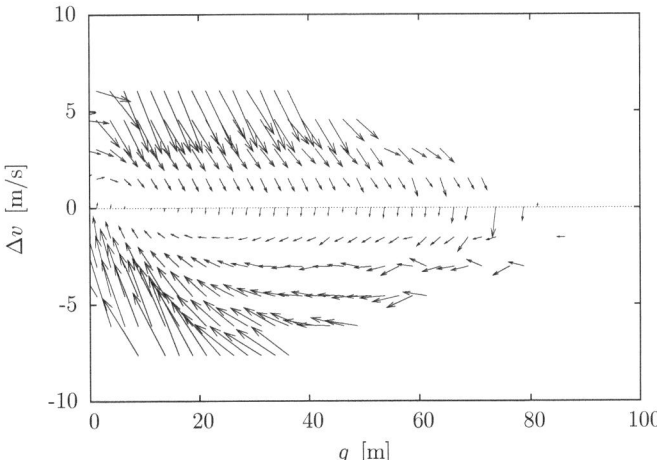

Abb. 3.17: Eine Gerade trennt die Bereiche mit positiver oder negativer Änderung der Geschwindigkeitsdifferenz.

3 Analyse von Verkehrsdaten

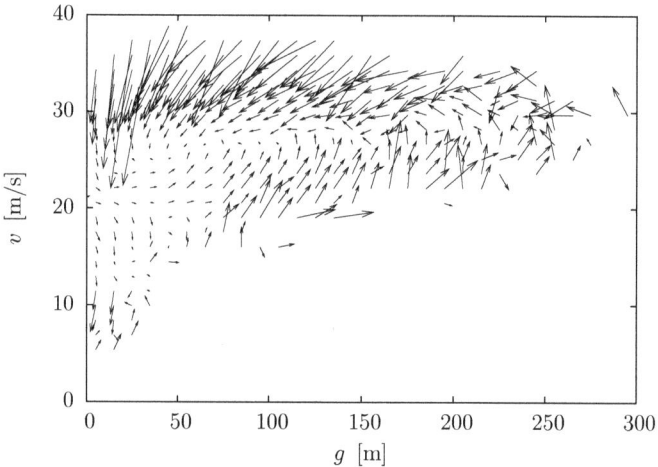

Abb. 3.18: Im freien Verkehr (D1a, Änderungen mit Faktor 3 skaliert) gibt es nur in bestimmten Bereichen eine klare Tendenz.

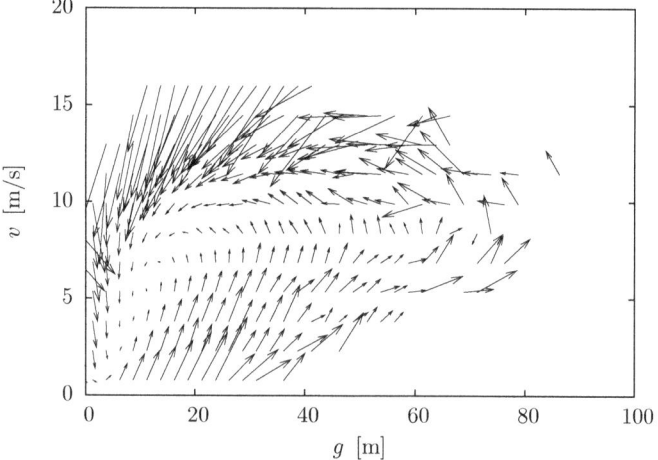

Abb. 3.19: Im dichten Verkehr (D2, D3, D4, Änderungen mit Faktor 3 skaliert) kann man einen Fixpunkt bei $g = 10$ m und $v = 5\,\frac{m}{s}$. Hier tendiert ein Fahrer zu keiner Änderung.

3.3 Felddaten

sich ein Fahrzeug in Abhängigkeit zu seinem Vordermann verhält. Für die Auswertung wurden Zellen gebildet, über die gemittelt wurde. Für eine bessere Übersichtlichkeit wurde eine Mindestanzahl von Werten pro Zelle festgelegt. Zellen mit weniger als 50 Datenpunkten wurden nicht in die Grafiken übernommen. Die Länge der Pfeile in der jeweiligen Grafik wurde teilweise mit einem Faktor multipliziert, um besser zusammenhängende Gebiete ausmachen zu können. Falls dies so war, ist der Faktor in der jeweiligen Bildunterschrift vermerkt.

Abbildung 3.14 zeigt die Geschwindigkeitsdifferenz eines Fahrzeugs zum voraus fahrenden Fahrzeug über der eigenen Geschwindigkeit an. Die Daten stammen aus D1a. Man kann sehr gut erkennen, dass es unabhängig von der eigenen Geschwindigkeit immer die Tendenz gibt, Geschwindigkeitsdifferenzen auszugleichen. Einzig im Bereich großer Geschwindigkeiten gibt es einen kleinen Bereich, in dem die Geschwindigkeitsdifferenzen ansteigen, auch wenn der Vordermann bereits schneller ist. Tendenziell ist auch kaum eine Geschwindigkeitsänderung auszumachen, wenn der Vordermann die gleiche Geschwindigkeit hat wie man selbst. Wenn aber eine Geschwindigkeitsdifferenz vorhanden ist, dann agiert der Fahrer meist selbst und ändert seine eigene Geschwindigkeit. Abbildung 3.15 zeigt den gleichen Sachverhalt in den Datensätzen D2, D3 und D4. Hier sind die Geschwindigkeiten und Geschwindigkeitsdifferenzen deutlich geringer. Trotzdem zeigt sich prinzipiell das gleiche Bild. Wenn man sehr genau hinschaut, erkennt man bei $v = 5\,\frac{m}{s}$ und $\Delta v = 0\,\frac{m}{s}$ einen Punkt, an dem sich nichts bewegt. Links von diesem stabilen Bereich wird beschleunigt, rechts davon gebremst. Der Effekt ist jedoch sehr klein.

Abbildung 3.16 zeigt die Geschwindigkeitsdifferenz über dem Abstand in D1a. Der Abstand ändert sich in guter Näherung mit der Geschwindigkeitsdifferenz, da diese über eine Zeitableitung direkt in Beziehung stehen. Interessanter ist hier die Änderung der Geschwindigkeitsdifferenz in Abhängigkeit von der Position in der Grafik. Hier scheint es eine Gerade zu geben, die eine positive von einer negativen Änderung trennt. Diese Gerade hat einen Anstieg von etwa $0,025\,\text{s}^{-1}$ und durchquert den Nullpunkt. In Abbildung 3.17, die den gleichen Sachverhalt für die Datensätze D2, D3 und D4 zeigt, wird dies noch deutlicher. Hier hat die Gerade allerdings einen Anstieg von $0,1\,\text{s}^{-1}$ und eine Nullstelle bei $g = 10\,\text{m}$. Scheinbar ist die Gerade abhängig von der Verkehrssituation.

Abbildung 3.18 zeigt die Geschwindigkeit des Fahrzeugs über seinem Abstand zum Vordermann in D1a. Die Grafik ist recht komplex und zeigt kein klares Verhalten. Abbildung 3.19 zeigt die entsprechenden Daten für D1, D2 und D3. Hier kann man zwei Geraden ausmachen. Eine Gerade trennt positive von negativen Geschwindigkeitsänderungen, die andere trennt die Grafik entsprechend der Änderung des Abstandes. Beide Geraden haben einen Schnittpunkt bei $g = 10\,\text{m}$ und $v = 5\,\frac{m}{s}$. In diesem Punkt ändert sich der Zustand eines Fahrzeugs also im Schnitt nicht. Es liegt ein Fixpunkt vor, der sich in den Abbildungen 3.19, 3.17 und 3.15 zeigt.

3.4 Wahrscheinlichkeitsdichte über Abstand und Geschwindigkeit

Ausgangspunkt der folgenden Betrachtung sind Darstellungen der Abstände eines jeden Fahrzeugs zu seinem jeweiligen Vordermann über seiner jeweiligen Geschwindigkeit. Der Abstand g_i ist hierbei die Strecke zwischen der hinteren Stoßstange des Vordermannes (Position x_{i+1}, Länge l_{i+1}) und der vorderen Stoßstange des Hintermannes (Position x_i).

$$g_i = x_{i+1} - l_{i+1} - x_i \tag{3.1}$$

In späteren Betrachtungen wird es um punktförmige Fahrzeuge gehen. Dabei können g_i und $\Delta x_i = x_{i+1} - x_i$ als synonym angesehen werden. Im Fall der Datenauswertung ist die Unterscheidung der beiden Größen jedoch sehr wichtig. In diesem Abschnitt werden nur die Datensätze D1a und D2, D3 und D4 gemeinsam ausgewertet. In den Abbildungen 3.20 (D1a) und 3.21 (D2, D3 und D4) ist jeder hundertste Punkt zu sehen. Der Grund, warum nicht alle Punkte dargestellt sind, ist die Größe der entstehenden Grafikdatei. Aus bereits genannten Gründen sind nur die Spuren 2 bis 5 dargestellt.

Deutlich zu sehen sind regelmäßige Streifen in Abbildung 3.21 bei Vielfachen von umgerechnet 5 $\frac{\text{ft}}{\text{s}}$ (1 ft = 0,3048 m). Diese Streifen haben ihren Ursprung in den Positionsdaten der Datensätze. Wenn man sich die Verteilung der gemessenen Werte anschaut, sieht man, dass sich bei Vielfachen von 0,5 ft die Messwerte häufen. Die Vermutung liegt nahe, dass die ursprüngliche Messung nur auf 0,5 ft genau war und später die Werte mit einem Glättungsalgorithmus bearbeitet wurden. Dies führte zu einer gewissen aber nicht kompletten Auswaschung in der Häufigkeit. Das Zeitintervall von 0,1 s führt zu einer Geschwindigkeit von 5 $\frac{\text{ft}}{\text{s}}$ oder Vielfachen davon. Auf diese Weise lassen sich also die Häufungen in den Geschwindigkeitsverteilungen auf ein grobes Raster in der Orts- und ein feines Raster in der Zeitbestimmung zurück führen. Ich selbst habe die Daten, wie in [24] beschrieben, für alle weiteren Auswertungen geglättet. Die beschriebenen Streifen finden sich aber auch in den Originaldaten wieder. Leider fehlt eine detaillierte Beschreibung der Rohdatenaufbereitung des NGSIM-Projektes, weshalb es bei der Erklärung bleiben muss.

Eine direkte Abhängigkeit der Form $v(g)$ zu finden, ist nicht sinnvoll. Eine stochastische Verteilung zu finden, ist besser geeignet, um die Verteilung der Punkte zu charakterisieren.

Die Abbildungen 3.22 und 3.23 zeigen die jeweiligen 2-dimensionalen Verteilungsfunktionen

$$p(v, g) \tag{3.2}$$

mit der Normierung

$$\iint p(v, g) \mathrm{d}v \mathrm{d}g = 1 \tag{3.3}$$

die aus den Daten ermittelt wurden. Hierbei wurde bei Abbildung 3.23 darauf geachtet, dass die besagten Streifen immer jeweils innerhalb eines Intervalls liegen.

3.4 Wahrscheinlichkeitsdichte über Abstand und Geschwindigkeit

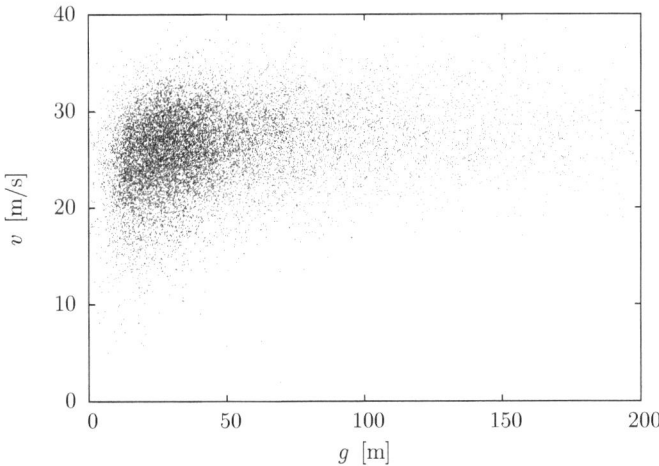

Abb. 3.20: Darstellung der Geschwindigkeit eines Fahrzeugs über dem Abstand zum Vordermann in D1a.

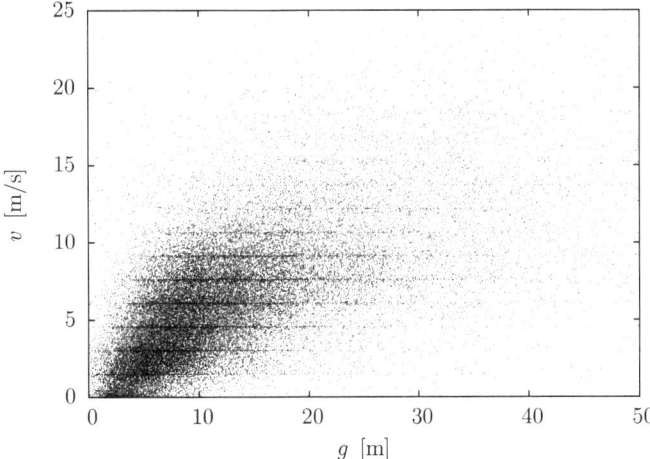

Abb. 3.21: Darstellung der Geschwindigkeit eines Fahrzeugs über dem Abstand zum Vordermann in D2, D3 und D4.

3 Analyse von Verkehrsdaten

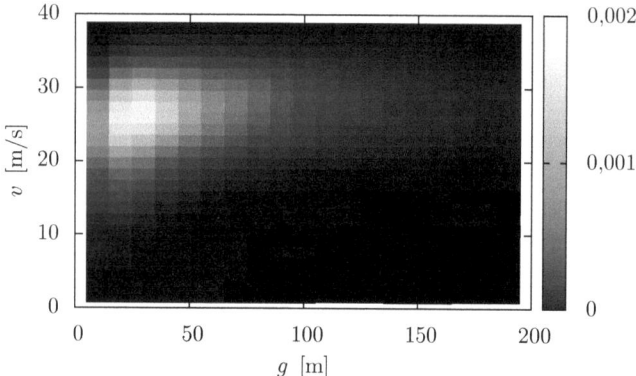

Abb. 3.22: Verteilung der Datenpunkte aus Abbildung 3.20.

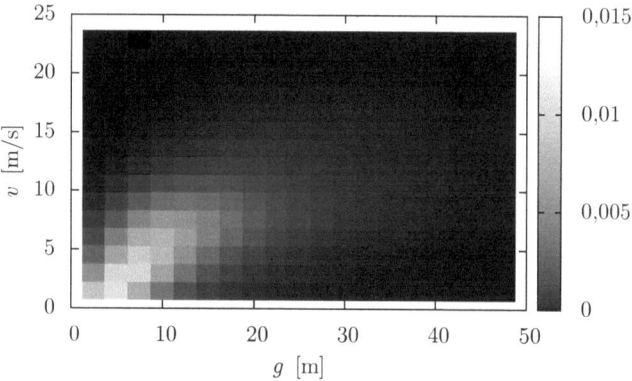

Abb. 3.23: Verteilung der Datenpunkte aus Abbildung 3.21.

3.4 Wahrscheinlichkeitsdichte über Abstand und Geschwindigkeit

Das heißt, in jedem Intervall ist genau ein Streifen enthalten. Die Integration über eine Variable liefert die jeweilige 1-dimensionale Verteilungsfunktion der anderen Variable

$$p(v) = \int p(v,g)\mathrm{d}g \qquad (3.4)$$

$$p(g) = \int p(v,g)\mathrm{d}v \qquad (3.5)$$

Die Werte für $p(v,g)$ liegen gerastert mit festem Raster ($\Delta v = 1{,}524\ \frac{\mathrm{m}}{\mathrm{s}}$ und $2{,}5\ \mathrm{m} \leq \Delta g \leq 10\ \mathrm{m}$) vor:

$$p(v_i, g_j) \qquad (3.6)$$

Das führt zu folgender Normierung:

$$\sum_i \sum_j p(v_i, g_j) \Delta v \Delta g = 1 \qquad (3.7)$$

Analog kann man auch die 1-dimensionalen Verteilungen ermitteln:

$$p(v_i) = \sum_j p(v_i, g_j) \Delta g \qquad (3.8)$$

$$= \Delta g \sum_j p(v_i, g_j) \qquad (3.9)$$

$$p(g_j) = \sum_i p(v_i, g_j) \Delta v \qquad (3.10)$$

$$= \Delta v \sum_i p(v_i, g_j) \qquad (3.11)$$

Multipliziert man die 1-dimensionalen Verteilungen mit dem jeweiligen Intervall Δv oder Δg, erhält man als Ergebnis die Normierung bzw. den Anteil an Wahrscheinlichkeit für diesen Streifen der Ebene.

$$N_{v_i} = p(v_i) \Delta v \qquad (3.12)$$

$$N_{g_j} = p(g_j) \Delta g \qquad (3.13)$$

Mit diesen Angaben ist es nun möglich, die Geschwindigkeitsverteilung für einen bestimmten Abstand zu untersuchen. Es soll zunächst eine Maxwell-Boltzmann-Verteilung $p'_{\mathrm{MB}}(v)$ an die Geschwindigkeitsverteilung angepasst werden.

$$p'_{\mathrm{MB}}(v) = \sqrt{\frac{2}{\pi}} \left(\frac{m}{k_{\mathrm{B}}T}\right)^{3/2} v^2 \exp\left(-\frac{mv^2}{2k_{\mathrm{B}}T}\right) \qquad (3.14)$$

Der Einfachheit halber können hier einige Konstanten zusammen gefasst werden:

$$a = \sqrt{\frac{k_{\mathrm{B}}T}{m}} \qquad (3.15)$$

3 Analyse von Verkehrsdaten

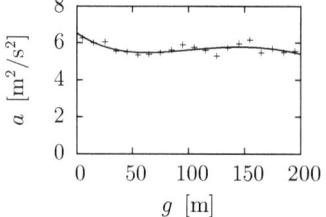 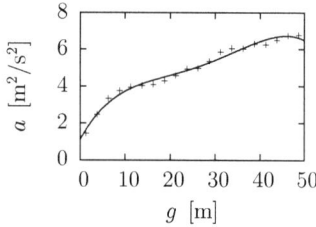

Abb. 3.24: Parameter a im freien (links) und dichten (rechts) Verkehr. Der Parameter kann als Temperatur interpretiert werden.

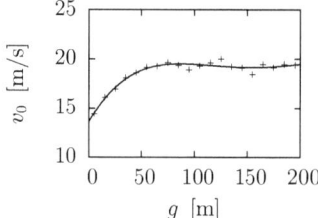 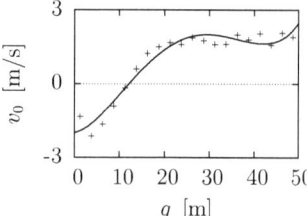

Abb. 3.25: Darstellung der Mindestgeschwindigkeit im freien (links) und dichten (rechts) Verkehr.

Damit ergibt sich die Beziehung:

$$p'_{\text{MB}}(v) = \sqrt{\frac{2}{\pi}} \frac{1}{a^3} v^2 \exp\left(-\frac{v^2}{2a^2}\right) \qquad (3.16)$$

Die Ergebnisse bei diesem Fit sind nicht zufriedenstellend. Deshalb wurde die Maxwell-Boltzmann-Verteilung angepasst. Es wurde ein zweiter Parameter v_0 eingeführt, der eine Verschiebung der Verteilung entlang der Geschwindigkeits-Achse darstellt. Dies ist als eine Art Grundgeschwindigkeit in Abhängigkeit vom Abstand zu verstehen. Die Verteilungsfunktion ist bei Werten kleiner als v_0 identisch 0, bei größeren Werten entspricht es einer verschobenen Maxwell-Boltzmann-Verteilung.

$$p_{\text{MB}}(v) = \begin{cases} 0 & v < v_0 \\ \sqrt{\frac{2}{\pi}} \frac{1}{a^3} (v-v_0)^2 \exp\left(-\frac{(v-v_0)^2}{2a^2}\right) & \text{sonst} \end{cases} \qquad (3.17)$$

Hiermit ergibt sich also eine Geschwindigkeitsverteilung bei einem bestimmten Abstand. Typische Beispiele sind in Abbildung 3.26 dargestellt.

Für jeden Abstand g_j können Fitparameter a_j und $v_{0,j}$ ermittelt werden. Das heißt, es entstehen Wertepaare $[g_j, a_j]$ bzw. $[g_j, v_{0,j}]$. In den Abbildungen 3.24 und 3.25 sind diese Wertepaare zusammen mit Fitpolynomen vierter Ordnung dargestellt.

3.4 Wahrscheinlichkeitsdichte über Abstand und Geschwindigkeit

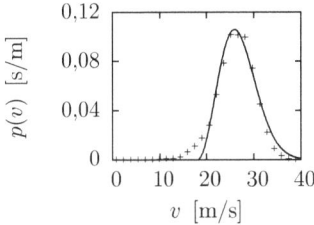
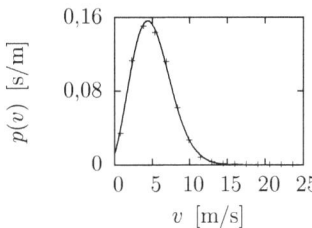

Abb. 3.26: Darstellung der Geschwindigkeitsverteilungsfunktion bei einem bestimmten Abstand g (links: freier Verkehr, $g = 35$ m, rechts: dichter Verkehr, $g = 8{,}75$ m).

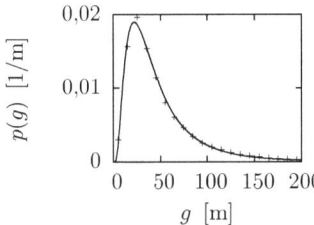
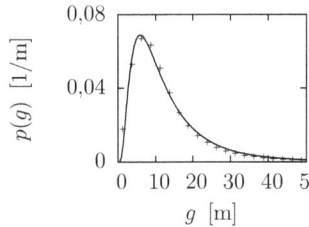

Abb. 3.27: Darstellung der Verteilungsfunktion des Abstandes im freien (links) und dichten Verkehr (rechts).

Wenn man sich anschaut, wie a eingeführt wurde, kann man eine Verkehrstemperatur T_T definieren:

$$a = \sqrt{\frac{k_B T}{m}} \tag{3.18}$$

$$T_T = a^2 \tag{3.19}$$

Damit ließe sich eine Formel aufstellen, die die Abhängigkeit zwischen der Verkehrstemperatur und dem Abstand der Fahrzeuge beschreibt.

Das Ziel war es, die 2-dimensionale Dichteverteilung zu fitten. Hierfür benötigen wir noch die Wichtung der Geschwindigkeitsverteilungen. Die Fitfunktion ist jeweils eine Log-Normalverteilung:

$$p(g) = \frac{1}{\sigma\sqrt{2\pi}} \frac{1}{g} \exp\left(-\frac{1}{2}\left(\frac{\ln g - \mu}{\sigma}\right)^2\right) \tag{3.20}$$

An dieser Stelle sollte man darauf hinweisen, dass g natürlich die Einheit m hat. Die Wahrscheinlichkeitsdichte $p(g)$ hat damit die Einheit m^{-1}. Der erste Fitparameter

3 Analyse von Verkehrsdaten

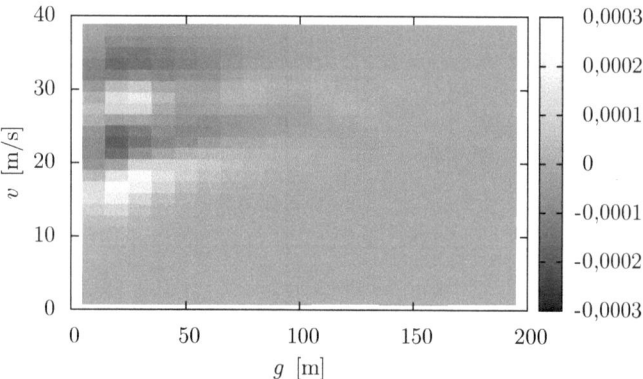

Abb. 3.28: Darstellung der Abweichung der Verteilungsfunktion (3.22) von der Verteilung in Abbildung 3.22.

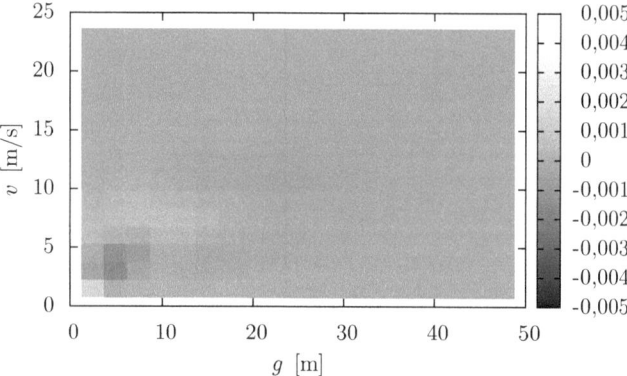

Abb. 3.29: Darstellung der Abweichung der Verteilungsfunktion (3.22) von der Verteilung in Abbildung 3.23.

3.5 Wahrscheinlichkeitsdichte über Abstand und Geschwindigkeitsdifferenz

σ ist damit einheitenlos. Wenn von $\ln g$ die Rede ist, ist g als dimensionslose Zahl gemeint. Dadurch wird auch der zweite Fitparameter μ einheitenlos.

Die Ergebnisse sind in den Abbildung 3.27 dargestellt. Damit sind alle Werte bestimmt, die nötig sind, um die Verteilungsfunktion

$$p(v,g) = p(g)p_{\text{MB}}(v) \tag{3.21}$$

$$p(v,g) = \begin{cases} 0 & v < v_0(g) \\ \frac{1}{\sigma\pi}\frac{(v-v_0(g))^2}{a^3(g)g}\exp\left(-\frac{(v-v_0(g))^2}{2a^2(g)} - \frac{(\ln g - \mu)^2}{2\sigma^2}\right) & sonst \end{cases} \tag{3.22}$$

$$a(g) = a_4 g^4 + a_3 g^3 + a_2 g^2 + a_1 g + a_0 \tag{3.23}$$

$$v_0(g) = v_{0,4} g^4 + v_{0,3} g^3 + v_{0,2} g^2 + v_{0,1} g + v_{0,0} \tag{3.24}$$

zu fitten.

Die Abbildungen 3.28 und 3.29 zeigen die Differenz zum jeweiligen Fit der Verteilungsfunktion.

Die Verteilungsfunktionen selbst sind nicht unbedingt interessant für die Auswertung. Interessant ist die Entwicklung der Parameter a und v_0 mit dem Abstand. Abbildung 3.24 zeigt, dass a, also in dieser Betrachtung die Temperatur, im freien Verkehr kaum eine Dichte-Abhängigkeit zeigt. Im dichten Verkehr ist die Abhängigkeit annähernd linear. Dies kann verschiedene Gründe haben. Untersuchungen der Hirnaktivität (siehe [34]) belegen, dass es beim Führen eines Fahrzeugs dazu kommen kann, dass sich das Gehirn in einen sehr unaufmerksamen Zustand befindet. Reaktionen finden auf einer unterbewussten Ebene statt. Vor allem bei vertrauten Strecken kommt es zu diesem Phänomen. Man könnte von einem entspannten Fahrer sprechen, den man im freien Verkehr trifft. Im dichten Verkehr kann es sich das Gehirn nicht leisten, nur unterbewusst du reagieren. Ein Fahrer reagiert dann sehr stark auf den Verkehr um ihn herum. Man könnte in diesem Fall von einem angespannten Fahrer sprechen. Eine andere Ursache könnte sein, dass es Fahrer im freien Verkehr nicht für nötig halten, auf den Vordermann zu reagieren, da ein Spurwechsel jederzeit möglich ist. Speziell auf amerikanischen Straßen ist das Überholen auf der rechten Seite erlaubt.

Bei der Mindestgeschwindigkeit v_0 (3.25) ist die prinzipielle Abhängigkeit ähnlich. Es gibt einen linearen Bereich bei hohen Dichten und einen konstanten Bereich bei geringen Dichten. Allerdings sind die Abhängigkeiten verschoben und stark skaliert. Eine Interpretation ist schwierig und würde zu Spekulationen führen.

Die Parameter der in den Abbildungen 3.26, 3.24, 3.25 und 3.27 dargestellten Funktionen sind in Kapitel A auf Seite 122 zu finden.

3 Analyse von Verkehrsdaten

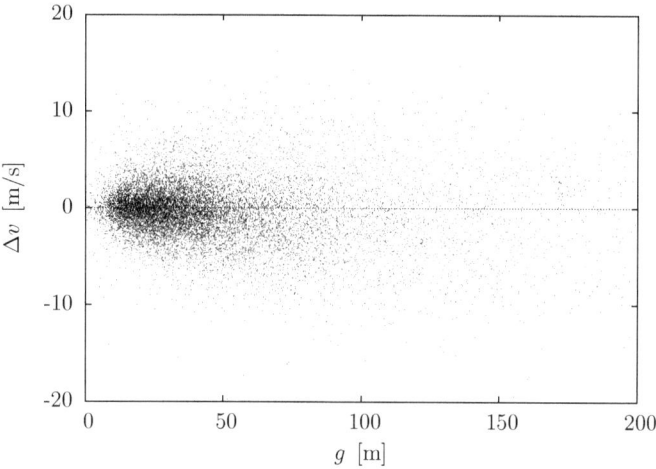

Abb. 3.30: Darstellung der Geschwindigkeitsdifferenz über dem Abstand eines Fahrzeugs zum Vordermann in D1a.

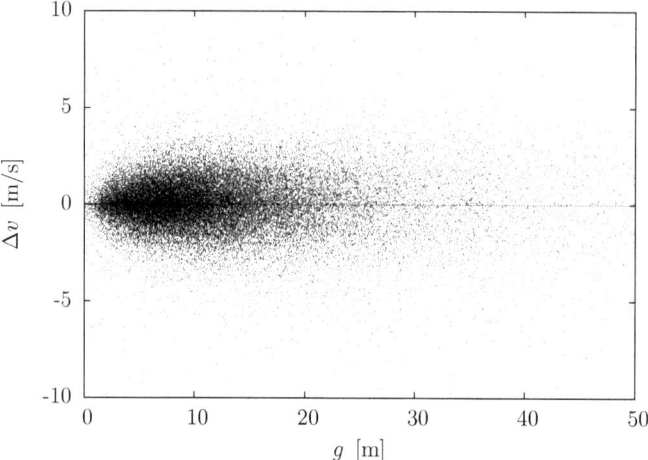

Abb. 3.31: Darstellung der Geschwindigkeitsdifferenz über dem Abstand eines Fahrzeugs zum Vordermann in D2, D3 und D4.

3.5 Wahrscheinlichkeitsdichte über Abstand und Geschwindigkeitsdifferenz

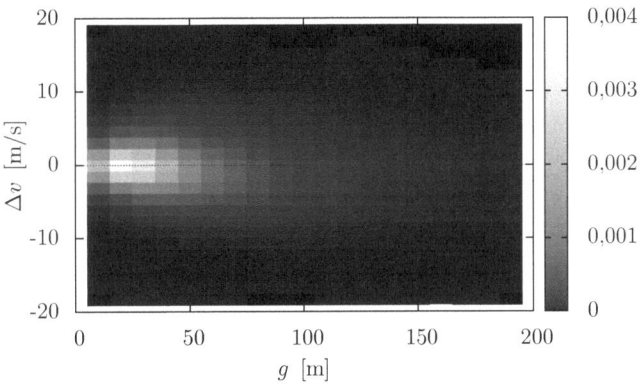

Abb. 3.32: Verteilung der Datenpunkte aus Abbildung 3.30.

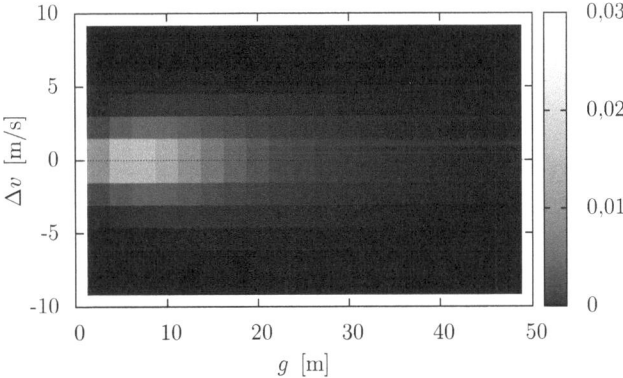

Abb. 3.33: Verteilung der Datenpunkte aus Abbildung 3.31.

3 Analyse von Verkehrsdaten

3.5 Wahrscheinlichkeitsdichte über Abstand und Geschwindigkeitsdifferenz

Wie bereits in Abschnitt 3.3 erwähnt spielt die Geschwindigkeitsdifferenz eine wichtige Größe im Verkehr. Auf deutschen Autobahnen werden teilweise Geschwindigkeiten jenseits der 200 $\frac{km}{h}$ gefahren. Trotzdem ist die Zahl der Unfälle in Bezug auf den Verkehrsdurchsatz recht gering (siehe [44]). Denn obwohl die Geschwindigkeiten recht hoch sein können, entstehen Unfälle vorrangig durch hohe Geschwindigkeitsdifferenzen. Aus diesem Grund werden hier diese in Abhängigkeit vom Abstand untersucht.

Die Abbildungen 3.30 und 3.31 zeigen die Originaldaten, während die Abbildungen 3.32 und 3.33 die Verteilungsfunktionen dazu zeigen. Die Herangehensweise ist die gleiche wie im Abschnitt 3.4. Für den Fit der Verteilung der Geschwindigkeitsdifferenzen bei bestimmten Abständen wurde allerdings die Funktion

$$p_{\mathrm{MB}}(\Delta v) = \sqrt{\frac{1}{2\pi}} \frac{1}{a} \exp\left(-\frac{(\Delta v - \Delta v_0)^2}{2a^2}\right) \qquad (3.25)$$

verwendet. Beispiele dafür zeigt Abbildung 3.36. Dabei sind die Fitparameter a und Δv_0, deren Abhängigkeit von g wieder durch jeweils ein Polynom vierter Ordnung gefittet werden (a: Abbildung 3.34; Δv_0: Abbildung 3.35).

Damit kann nun eine Fitfunktion

$$p(v, g) = p(g) p_{\mathrm{MB}}(\Delta v) \qquad (3.26)$$

$$p(v, g) = \frac{1}{2\sigma\pi} \frac{1}{a(g)g} \exp\left(-\frac{(v - v_0(g))^2}{2a^2(g)} - \frac{(\ln g - \mu)^2}{2\sigma^2}\right) \qquad (3.27)$$

$$a(g) = a_4 g^4 + a_3 g^3 + a_2 g^2 + a_1 g + a_0 \qquad (3.28)$$

$$\Delta v_0(g) = \Delta v_{0,4} g^4 + \Delta v_{0,3} g^3 + \Delta v_{0,2} g^2 + \Delta v_{0,1} g + \Delta v_{0,0} \qquad (3.29)$$

für die Verteilungen bestimmt werden, deren Differenzen zu den Verteilungen in den Abbildungen 3.37 und 3.38 dargestellt sind.

Die Abhängigkeit des Parameters a ist in diesem Fall nicht so eindeutig unterschiedlich, wie im Fall zuvor. Sie ist in beiden Fällen annähernd linear und nur leicht verschoben und skaliert.

Einen deutlicheren Unterschied zeigt jedoch die Abhängigkeit der mittleren Geschwindigkeitsdifferenz. Sie als spiegelbildlich zu bezeichnen wäre übertrieben. Im dichten Verkehr zeigt sie eine nur geringe Abweichung, wenn man sie mit ihrer Breite in Abbildung 3.36 vergleicht. Sie scheint aber im freien Verkehr eine Tendenz zu besitzen. Bei großen Abständen tendieren die Fahrer dazu, schneller als das voraus fahrende Fahrzeug zu sein. Dies liegt sicher am Wunsch eines Fahrers, die erlaubte Höchstgeschwindigkeit auszunutzen.

Die Parameter der in den Abbildungen 3.36, 3.34 und 3.35 dargestellten Funktionen sind in Kapitel A auf Seite 122 zu finden.

3.5 Wahrscheinlichkeitsdichte über Abstand und Geschwindigkeitsdifferenz

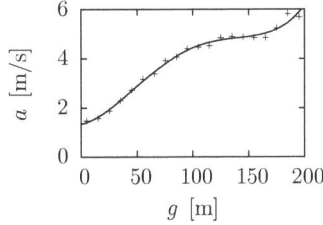 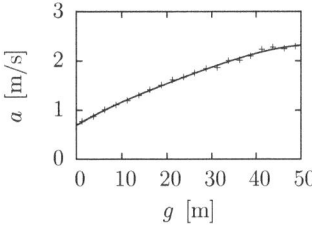

Abb. 3.34: Der prinzipielle Verlauf des Parameters a im freien (links) und dichten (rechts) Verkehr ist ähnlich.

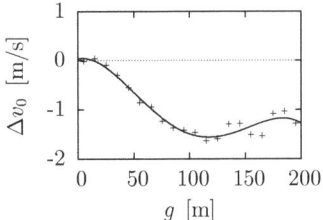 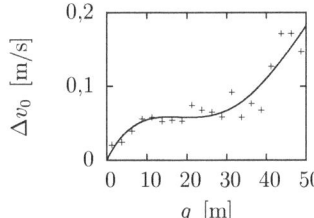

Abb. 3.35: Die mittlere Geschwindigkeitsdifferenz Δv_0 ist im freien Verkehr (links) stark abstandsabhängig. Im dichten Verkehr (rechts) ist sie verglichen mit ihrer Breite (siehe Abbildung 3.36) verschwindend gering.

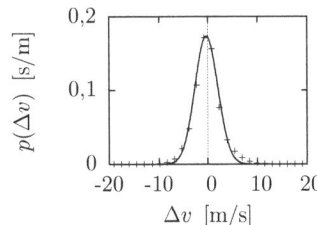 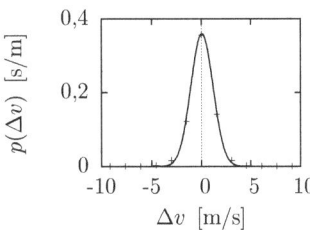

Abb. 3.36: Die Geschwindigkeitsverteilungsfunktion bei einem bestimmten Abstand g kann mit einer eindimensionalen, verschobenen Maxwell-Boltzmann-Verteilung gefittet werden (links: freier Verkehr, $g = 35$ m, rechts: dichter Verkehr, $g = 8{,}75$ m).

3 Analyse von Verkehrsdaten

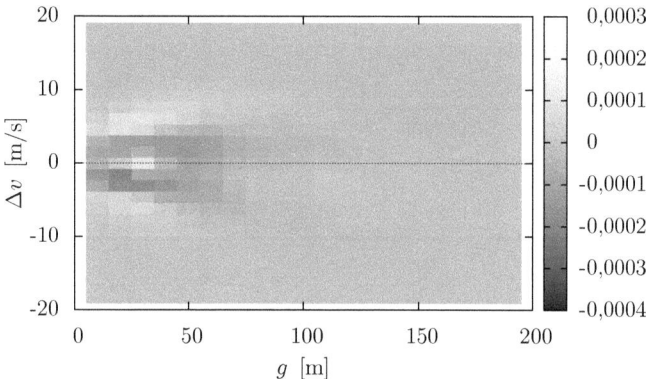

Abb. 3.37: Darstellung der Abweichung der Verteilungsfunktion (3.27) von der Verteilung in Abbildung 3.32.

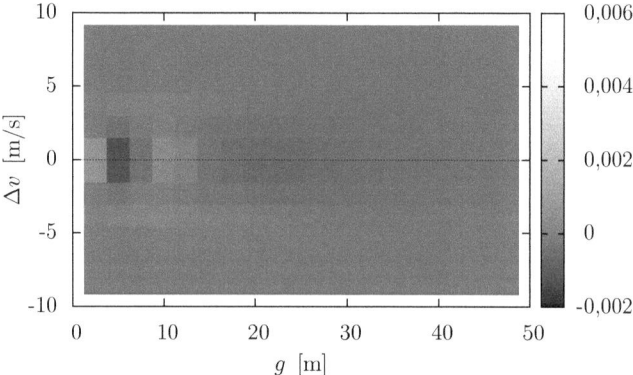

Abb. 3.38: Darstellung der Abweichung der Verteilungsfunktion (3.27) von der Verteilung in Abbildung 3.33.

4 Die Rotierende Teilchenkette

In einem physikalischen Vielteilchensystem definiert man bei einer mikroskopischen Betrachtung die Wechselwirkungen der Teilchen miteinander und gegebenenfalls mit einer Umgebung. Die Wechselwirkung untereinander kann mit abstandsabhängigen Kräften formuliert werden. Hierbei kann prinzipiell jedes Teilchen mit jedem in Wechselwirkung stehen, was bei einem dreidimensionalen System schon bei kleinen Teilchenzahlen recht schnell numerisch nicht mehr handhabbar ist.

Bei der Anwendung physikalischer Prinzipien auf nicht physikalische Systeme (zum Beispiel Aktienkursentwicklung, siehe [48]) ist es jedoch oft nicht nötig, eine dreidimensionale Betrachtung inklusive aller Wechselwirkungen durchzuführen.

Hier soll ein eindimensionales System mit periodischen Randbedingungen und der Beschränkung auf die Wechselwirkung nächster Nachbarn untersucht werden.

4.1 Das Modell

Wir betrachten eine Teilchenkette aus N Teilchen, die sich auf einem Ring der Länge L verteilt befinden (periodische Randbedingungen). Jedem Teilchen ist eine Position x_i und eine Geschwindigkeit v_i zugeordnet. Die Abstände sind definiert als

$$\Delta x_i = x_{i+1} - x_i \quad . \tag{4.1}$$

4.2 Die Dynamik

Dem oben formulierten physikalischen Gedanken folgend formulieren wir als erstes Wechselwirkungen in Form von Kräften $F_{i,j}$ zwischen den Teilchen i und j und Kräften F_i, die nur durch Ort und Geschwindigkeit des betrachteten Teilchens selbst bestimmt sind. Über die Newtonschen Bewegungsgleichungen ergibt sich dabei ein $2N$-dimensionales Differenzialgleichungssystem.

$$\frac{\mathrm{d}x_i}{\mathrm{d}t} = v_i \tag{4.2}$$

$$m_i \frac{\mathrm{d}^2 x_i}{\mathrm{d}t^2} = F_i(x_i, v_i) + \sum_{j=1}^{N} F_{i,j}(x_i, v_i, x_j, v_j) \tag{4.3}$$

Zusätzlich zu den Kräften werden Anfangsbedingungen $x_i(t=0) = x_{i,0}$ und $v_i(t=0) = v_{i,0}$ für jedes Teilchen benötigt, um das System vollständig zu beschreiben. Es gilt $1 \leq i \leq N$. Wie erwähnt sollen nur Wechselwirkungen zwischen nächsten Nachbarn betrachtet werden, wodurch sich die Gleichungen vereinfachen lässt. Zusätzlich sollen alle Massen identisch sein ($m_i = m \, \forall \, i$) und eine direkte Ortsabhängigkeit soll es nicht geben. Die allgemein formulierte Gleichung (4.3) geht dann in

$$m \frac{d^2 x_i}{dt^2} = F_{\text{Forward}}(x_i, x_{i+1}) + F_{\text{Backward}}(x_{i-1}, x_i) + F_{\text{diss}}(v_i) \quad (4.4)$$

über. Eine letzte Forderung ist die, dass die Kräfte zwischen den Teilchen nur von den Abständen (4.1) der Teilchen abhängen.

$$m \frac{dv_i}{dt} = F_{\text{Forward}}(\Delta x_i) + F_{\text{Backward}}(\Delta x_{i-1}) + F_{\text{diss}}(v_i) \quad (4.5)$$

4.2.1 Definition von Kräften

Für weitere Betrachtungen des Systems ist es nötig, die drei Kräfte zu definieren. Zur sinnvollen Definition der Kräfte ist es hilfreich, sich diese separat vorzustellen. Ein Teilchen sollte allein im System ($F_{\text{Forward}}(\infty) = F_{\text{Backward}}(\infty) = 0$) nicht zur Ruhe kommen, es sollte auf eine maximale Geschwindigkeit v_{max} beschleunigt werden. Diese Beschleunigung kann beispielsweise exponentiell erfolgen.

$$F_{\text{diss}}(v) = \frac{m}{\tau_{\text{D}}}(v_{\max} - v) \geq 0 \quad (4.6)$$

Die anderen Kräfte sollten so definiert werden, dass ein Teilchen nicht schneller als v_{max} werden kann, sodass die dissipative Kraft immer eine beschleunigende Kraft ist. Der Name *dissipative* Kraft als eine beschleunigende Kraft ist in der Physik unüblich, soll aber verwendet werden, da die Kraft nur von der Geschwindigkeit abhängig ist.

Die Kraft, die ein Teilchen durch das jeweils nächste Teilchen erfährt, sollte dafür sorgen, dass es möglichst zu keinen Kollisionen kommt. Es sollte also prinzipiell eine bremsende Kraft sein. Der folgende Ansatz soll verfolgt werden.

$$F_{\text{Forward}}(\Delta x) = \frac{m}{\tau_{\text{F}}} \left(v_{\text{opt}}(\Delta x) - v_{\max} \right) \leq 0 \quad (4.7)$$

Die optimale Geschwindigkeit $v_{\text{opt}}(\Delta x)$ soll dafür sorgen, dass die Forderung erfüllt ist, dass die vorwärts gerichtete Kraft immer negativ ist.

Die aufgrund des hinteren Teilchens wirkende Kraft soll gleicher Art sein, allerdings soll es eine beschleunigende Kraft sein.

$$F_{\text{Backward}}(\Delta x) = -\frac{m}{\tau_{\text{B}}} \left(v_{\text{opt}}(\Delta x) - v_{\max} \right) \geq 0 \quad (4.8)$$

Es soll

$$\tau_{\text{D}} \geq 0 \qquad \qquad \tau_{\text{F}} \geq 0 \qquad \qquad \tau_{\text{B}} \geq 0$$

gelten.

4.2.2 Stationäre Lösung

Ohne die Funktion der optimalen Geschwindigkeit näher bestimmen zu müssen, kann man die Geschwindigkeit der stationären Lösung v_{st} ermitteln. Wir gehen davon aus, dass eine homogene Verteilung vorliegt und setzen die Zeitableitung der Geschwindigkeit gleich 0.

$$v_{\text{st}} = v_{\max} - \left(\frac{\tau_{\text{D}}}{\tau_{\text{F}}} - \frac{\tau_{\text{D}}}{\tau_{\text{B}}}\right)\left(v_{\max} - v_{\text{opt}}\left(\frac{L}{N}\right)\right) \tag{4.9}$$

4.2.3 Definition der optimalen Geschwindigkeit

Prinzipiell sollte die optimale Geschwindigkeit eine Funktion sein, die größer wird bei größeren Abständen. Außerdem sollte sie nicht größer werden als die maximale Geschwindigkeit. Es soll die Funktion

$$v_{\text{opt}}(\Delta x) = v_{\max}\frac{(\Delta x)^2}{D^2 + (\Delta x)^2} \tag{4.10}$$

untersucht werden, die diese Voraussetzungen erfüllt. Sie ist nach oben durch $v_{\max}$ beschränkt und läuft horizontal in den Koordinatenursprung ein. Hier wird ein neuer Parameter eingeführt. Der Parameter D beschreibt die Langreichweitigkeit der abstandsabhängigen Kraft.

$$v_{\text{opt}}(\Delta x = D) = \frac{v_{\max}}{2} \tag{4.11}$$

Ist D sehr klein, spielt diese Kraft nur in kleinen Abständen eine Rolle.

4.2.4 Dimensionslose Betrachtung

Das Modell hat mittlerweile diverse Parameter und ist damit recht unübersichtlich. Man kann jedoch diverse Größen skalieren. Dabei bleibt das prinzipielle Verhalten des Modells identisch. Jede Geschwindigkeit soll mit $v_{\max}$, jeder Ort mit D und jede Zeit mit $D/v_{\max}$ skaliert werden. Das führt zunächst zu neuen skalierten Basisgrößen.

$$v = v_{\max}\hat{v} \tag{4.12}$$
$$x = D\hat{x} \tag{4.13}$$
$$t = \frac{D}{v_{\max}}\hat{t} \tag{4.14}$$

Setzt man die skalierten Größen in die entsprechenden Gleichungen ein, ergeben sich dimensionslose, abgeleitete Größen.

$$F = \frac{mv_{\max}^2}{D}\hat{F} \tag{4.15}$$
$$v_{\text{opt}}(\Delta x) = v_{\max}\hat{v}_{\text{opt}}(\Delta\hat{x}) \tag{4.16}$$

4 Die Rotierende Teilchenkette

Daraus ergeben sich die folgenden dimensionslosen dynamischen Gleichungen.

$$\frac{d\hat{x}}{d\hat{t}} = \hat{v} \tag{4.17}$$

$$\frac{d\hat{v}}{d\hat{t}} = \frac{1}{\hat{\tau}_F}\left(\hat{v}_{opt}(\Delta \hat{x}_F) - 1\right) - \frac{1}{\hat{\tau}_B}\left(\hat{v}_{opt}(\Delta \hat{x}_B) - 1\right) + \frac{1}{\hat{\tau}_D}(1-\hat{v}) \tag{4.18}$$

In den folgenden Betrachtungen sollen die folgenden Gleichungen gelten.

$$\hat{F}_{kons}(\Delta \hat{x}_i, \Delta \hat{x}_{i-1}) = \hat{F}_{Forward}(\Delta \hat{x}_i) + \hat{F}_{Backward}(\Delta \hat{x}_{i-1}) \tag{4.19}$$

$$\hat{F}(\Delta \hat{x}_i, \Delta \hat{x}_{i-1}, \hat{v}_i) = \hat{F}_{Forward}(\Delta \hat{x}_i) + \hat{F}_{Backward}(\Delta \hat{x}_{i-1}) + \hat{F}_{diss}(\hat{v}_i) \tag{4.20}$$

4.3 Spezialfälle

Das Modell ist nun in dimensionsloser Form komplett definiert. Man kann es über die drei Parameter $\hat{\tau}_F$, $\hat{\tau}_B$ und $\hat{\tau}_D$ anpassen. Hinzu kommt die Funktion der optimalen Geschwindigkeit. Zwei spezielle Fälle sollen hier kurz untersucht werden. Sie unterscheiden sich in der Wichtung der beiden abstandsabhängigen Kräfte.

4.3.1 Totale Symmetrie

Im ersten Fall sollen $\hat{F}_{Forward}$ und $\hat{F}_{Backward}$ gleichberechtigt sein, dass heißt, es soll $\hat{\tau}_F = \hat{\tau}_B (= \hat{\tau})$ gelten.

$$\frac{d\hat{v}_i}{d\hat{t}} = \frac{1}{\hat{\tau}}\left(\hat{v}_{opt}(\Delta \hat{x}_i) - \hat{v}_{opt}(\Delta \hat{x}_{i-1})\right) + \frac{1}{\hat{\tau}_D}(1-\hat{v}) \tag{4.21}$$

Die stationäre Lösung ist eine homogene Verteilung der Fahrzeuge, die mit der maximalen Geschwindigkeit fahren.

$$\left.\begin{array}{r}\hat{v}_{i,\,st} = 1 \\ \Delta \hat{x}_{i,\,st} = \dfrac{\hat{L}}{N}\end{array}\right\} \forall i \tag{4.22}$$

4.3.2 Totale Asymmetrie

Beim Fall der totalen Asymmetrie soll davon ausgegangen werden, dass $\hat{\tau}_B$ gegen unendlich strebt und damit $\hat{F}_{Backward}$ verschwindet.

$$\frac{d\hat{v}_i}{d\hat{t}} = \frac{1}{\hat{\tau}_F}\left(\hat{v}_{opt}(\Delta \hat{x}_i) - 1\right) + \frac{1}{\hat{\tau}_D}(1-\hat{v}) \tag{4.23}$$

Die Geschwindigkeit im homogenen Fall lässt sich auch hier leicht ermitteln.

$$\hat{v}_{st} = 1 - \frac{\hat{\tau}_D}{\hat{\tau}_F}\left(1 - \hat{v}_{opt}\left(\frac{\hat{L}}{N}\right)\right) \tag{4.24}$$

Spezialisiet man das Modell weiter und setzt auch noch $\hat{\tau}_F = \hat{\tau}_D (= \hat{\tau})$, vereinfachen sich die Ausdrücke weiter.

$$\frac{d\hat{v}_i}{d\hat{t}} = \frac{1}{\hat{\tau}} \left(\hat{v}_{\text{opt}}(\Delta \hat{x}_i) - \hat{v} \right) \tag{4.25}$$

$$\hat{v}_{\text{st}} = \hat{v}_{\text{opt}} \left(\frac{\hat{L}}{N} \right) \tag{4.26}$$

4.4 Dispersionsrelation (Stabilitätsanalyse)

In [9] wurde eine Stabilitätsanalyse des Modells der optimalen Geschwindigkeit (siehe Kapitel 5) diskutiert. An dieser Stelle soll eine Stabilitätsanalyse des homogenen Systems nach Gleichung (4.9) durchgeführt werden. Die Gleichungen (4.17) und (4.18) lassen sich zusammenfassen.

$$\frac{d^2 \hat{x}}{d\hat{t}^2} = \frac{1}{\hat{\tau}_F} \left(\hat{v}_{\text{opt}}(\Delta \hat{x}_F) - 1 \right) - \frac{1}{\hat{\tau}_B} \left(\hat{v}_{\text{opt}}(\Delta \hat{x}_B) - 1 \right) + \frac{1}{\hat{\tau}_D} \left(1 - \frac{d\hat{x}}{d\hat{t}} \right) \tag{4.27}$$

Es soll davon ausgegangen werden, dass sich eine homogene Verteilung eingestellt hat. Das heißt, es gilt

$$\Delta \hat{x}_F = \Delta \hat{x}_B = \Delta \hat{x}_{\text{st}} = \frac{\hat{L}}{N} \quad . \tag{4.28}$$

Zusätzlich sollen sich die Geschwindigkeiten nicht ändern. Wir nehmen kleine Störungen $\delta \hat{x}_n$ des Ortes an und differenzieren zweimal nach der Zeit.

$$\hat{x}_n = \hat{v}_{\text{st}} \hat{t} + n \Delta \hat{x}_{\text{st}} + \delta \hat{x}_n + \hat{x}_0 \tag{4.29}$$

$$\frac{d\hat{x}_n}{d\hat{t}} = \hat{v}_{\text{st}} + \frac{d\delta \hat{x}_n}{d\hat{t}} \tag{4.30}$$

$$\frac{d^2 \hat{x}_n}{d\hat{t}^2} = \frac{d^2 \delta \hat{x}_n}{d\hat{t}^2} \tag{4.31}$$

Dies kann in Gleichung (4.27) eingesetzt werden.

$$\frac{d^2 \delta \hat{x}_n}{d\hat{t}^2} = \frac{1}{\hat{\tau}_F} \left(\hat{v}_{\text{opt}}(\Delta \hat{x}_n) - 1 \right) - \frac{1}{\hat{\tau}_B} \left(\hat{v}_{\text{opt}}(\Delta \hat{x}_{n-1}) - 1 \right) + \frac{1}{\hat{\tau}_D} \left(1 - \hat{v}_{\text{st}} - \frac{d\delta \hat{x}_n}{d\hat{t}} \right) \tag{4.32}$$

Da wir von kleinen Störungen um die Ruhelage ausgehen, wird sich auch der Abstand ändern.

$$\Delta \hat{x}_n = \hat{x}_{n+1} - \hat{x}_n = \Delta \hat{x}_{\text{st}} + \delta \hat{x}_{n+1} - \delta \hat{x}_n \tag{4.33}$$

$$\Delta \hat{x}_{n-1} = \hat{x}_n - \hat{x}_{n-1} = \Delta \hat{x}_{\text{st}} + \delta \hat{x}_n - \delta \hat{x}_{n-1} \tag{4.34}$$

Somit können wir $\hat{v}_{\text{opt}}(\Delta \hat{x}_n)$ um $\Delta \hat{x}_n$ entwickeln.

$$\hat{v}_{\text{opt}}(\Delta \hat{x}_n) \approx \hat{v}_{\text{opt}}(\Delta \hat{x}_{\text{st}}) + \left. \frac{d\hat{v}_{\text{opt}}(\Delta \hat{x}_n)}{d\Delta \hat{x}_n} \right|_{\Delta \hat{x}_n = \Delta \hat{x}_{\text{st}}} (\delta \hat{x}_{n+1} - \delta \hat{x}_n) \tag{4.35}$$

4 Die Rotierende Teilchenkette

Dies in Gleichung (4.32) eingesetzt und mit der dimensionslosen Version von Gleichung (4.9) vereinfacht ergibt

$$\begin{aligned}\frac{\mathrm{d}^2\delta\hat{x}_n}{\mathrm{d}\hat{t}^2} = &\ \frac{1}{\hat{\tau}_\mathrm{F}}\left(\delta\hat{x}_{n+1} - \delta\hat{x}_n\right)\left.\frac{\mathrm{d}\hat{v}_\mathrm{opt}(\Delta\hat{x}_n)}{\mathrm{d}\Delta\hat{x}_n}\right|_{\Delta\hat{x}_n=\Delta\hat{x}_\mathrm{st}} \\ &- \frac{1}{\hat{\tau}_\mathrm{B}}\left(\delta\hat{x}_n - \delta\hat{x}_{n-1}\right)\left.\frac{\mathrm{d}\hat{v}_\mathrm{opt}(\Delta\hat{x}_n)}{\mathrm{d}\Delta\hat{x}_n}\right|_{\Delta\hat{x}_n=\Delta\hat{x}_\mathrm{st}} \\ &- \frac{1}{\hat{\tau}_\mathrm{D}}\frac{\mathrm{d}\delta\hat{x}_n}{\mathrm{d}\hat{t}}\end{aligned} \quad (4.36)$$

Aufgrund der periodischen Randbedingungen kann eine Wellengleichung

$$\delta\hat{x}_n \propto \exp(\mathrm{i}kn\Delta\hat{x}_\mathrm{st} + z\hat{t}) \quad (4.37)$$

als Ansatz für $\delta\hat{x}$ verwendet werden, woraus sich auch die Differenzen

$$\delta\hat{x}_{n+1} - \delta\hat{x}_n = \delta\hat{x}_n\left(\exp(\mathrm{i}k\Delta\hat{x}_\mathrm{st}) - 1\right) \quad (4.38)$$
$$\delta\hat{x}_n - \delta\hat{x}_{n-1} = \delta\hat{x}_n\left(1 - \exp(-\mathrm{i}k\Delta\hat{x}_\mathrm{st})\right) \quad (4.39)$$

ergeben. Setzt man diesen Ansatz in Gleichung (4.36) ein, kann man zu einer Bestimmungsgleichung für z kommen.

$$\begin{aligned}z^2 = &\ \frac{1}{\hat{\tau}_\mathrm{F}}\left(\exp(\mathrm{i}k\Delta\hat{x}_\mathrm{st}) - 1\right)\left.\frac{\mathrm{d}\hat{v}_\mathrm{opt}(\Delta\hat{x}_n)}{\mathrm{d}\Delta\hat{x}_n}\right|_{\Delta\hat{x}_n=\Delta\hat{x}_\mathrm{st}} \\ &- \frac{1}{\hat{\tau}_\mathrm{B}}\left(1 - \exp(-\mathrm{i}k\Delta\hat{x}_\mathrm{st})\right)\left.\frac{\mathrm{d}\hat{v}_\mathrm{opt}(\Delta\hat{x}_n)}{\mathrm{d}\Delta\hat{x}_n}\right|_{\Delta\hat{x}_n=\Delta\hat{x}_\mathrm{st}} \\ &- \frac{1}{\hat{\tau}_\mathrm{D}}z\end{aligned} \quad (4.40)$$

Mit Hilfe der Hilfsgleichung (A.44) kann die letzte Gleichung umgeformt werden.

$$\begin{aligned}z^2 = &\ \frac{1}{\hat{\tau}_\mathrm{F}}\left(\cos(k\Delta\hat{x}_\mathrm{st}) + \mathrm{i}\sin(k\Delta\hat{x}_\mathrm{st}) - 1\right)\left.\frac{\mathrm{d}\hat{v}_\mathrm{opt}(\Delta\hat{x}_n)}{\mathrm{d}\Delta\hat{x}_n}\right|_{\Delta\hat{x}_n=\Delta\hat{x}_\mathrm{st}} \\ &- \frac{1}{\hat{\tau}_\mathrm{B}}\left(1 - \cos(k\Delta\hat{x}_\mathrm{st}) + \mathrm{i}\sin(k\Delta\hat{x}_\mathrm{st})\right)\left.\frac{\mathrm{d}\hat{v}_\mathrm{opt}(\Delta\hat{x}_n)}{\mathrm{d}\Delta\hat{x}_n}\right|_{\Delta\hat{x}_n=\Delta\hat{x}_\mathrm{st}} \\ &- \frac{1}{\hat{\tau}_\mathrm{D}}z\end{aligned} \quad (4.41)$$

Der Ansatz (4.37) erlaubt es, zwei Bereiche festzulegen, in denen sich das System unterschiedlich entwickeln wird. Wenn der Realteil von z positiv ist, werden sich die Störungen in der Zeit verstärken und das System wird seinen Zustand ändern. Bei negativem Realteil werden die Störungen abgebaut und das System stabilisiert sich.

4.4 Dispersionsrelation (Stabilitätsanalyse)

Die Grenze ist, wenn der Realteil verschwindet. Dieser Fall soll untersucht werden. Es kann also angenommen werden, dass z rein imaginär ist.

$$z = \mathrm{i}\gamma \tag{4.42}$$

Dies führt zu einer Gleichung, mit der γ eliminiert werden kann.

$$\begin{aligned}
-\gamma^2 = & \left(\frac{1}{\hat{\tau}_\mathrm{F}} + \frac{1}{\hat{\tau}_\mathrm{B}}\right)(\cos(k\Delta\hat{x}_\mathrm{st}) - 1)\left.\frac{\mathrm{d}\hat{v}_\mathrm{opt}(\Delta\hat{x}_n)}{\mathrm{d}\Delta\hat{x}_n}\right|_{\Delta\hat{x}_n=\Delta\hat{x}_\mathrm{st}} \\
& + \mathrm{i}\left[\left(\frac{1}{\hat{\tau}_\mathrm{F}} - \frac{1}{\hat{\tau}_\mathrm{B}}\right)\sin(k\Delta\hat{x}_\mathrm{st})\left.\frac{\mathrm{d}\hat{v}_\mathrm{opt}(\Delta\hat{x}_n)}{\mathrm{d}\Delta\hat{x}_n}\right|_{\Delta\hat{x}_n=\Delta\hat{x}_\mathrm{st}} - \frac{1}{\hat{\tau}_\mathrm{D}}\gamma\right]
\end{aligned} \tag{4.43}$$

Sortiert man Gleichung (4.43) nach Real- und Imaginärteil, nutzt die Beziehungen (A.46), (A.48) und (A.50) aus und setzt den Wellenvektor

$$k = \frac{2\pi}{\hat{L}} = \frac{2\pi}{N\Delta\hat{x}_\mathrm{st}} \tag{4.44}$$

ein, erhält man eine Beziehung zwischen $\hat{\tau}_\mathrm{D}$ und den restlichen Parametern des Systems.

$$\frac{1}{\hat{\tau}_\mathrm{D}^2} = \frac{\left(\frac{1}{\hat{\tau}_\mathrm{F}} - \frac{1}{\hat{\tau}_\mathrm{B}}\right)^2}{\frac{1}{\hat{\tau}_\mathrm{F}} + \frac{1}{\hat{\tau}_\mathrm{B}}}\left.\frac{\mathrm{d}\hat{v}_\mathrm{opt}(\Delta\hat{x}_n)}{\mathrm{d}\Delta\hat{x}_n}\right|_{\Delta\hat{x}_n=\Delta\hat{x}_\mathrm{st}}\left(1 + \cos\left(\frac{2\pi}{N}\right)\right) \tag{4.45}$$

Diese Funktion ist nur die Grenzfunktion, die die instabile von der stabilen Lösung trennt. Es bleibt die Frage, ob der stabile Bereich ober- oder unterhalb dieser Funktion liegt. Anstatt z als rein imaginär anzunehmen, soll jetzt z zusätzlich einen kleinen Realteil a beinhalten.

$$z = a + \mathrm{i}\gamma \tag{4.46}$$

Dies wird wieder in Gleichung (4.41) eingesetzt und nach Real- und Imaginärteil sortiert. Mit Hilfe der Gleichungen (A.46) und (A.48) kann man dann eine Gleichung finden, in der γ eliminiert ist.

$$\begin{aligned}
\left(\frac{1}{\hat{\tau}_\mathrm{F}} - \frac{1}{\hat{\tau}_\mathrm{B}}\right)^2 & 4\sin^2\left(\frac{k\Delta\hat{x}_\mathrm{st}}{2}\right)\cos^2\left(\frac{k\Delta\hat{x}_\mathrm{st}}{2}\right)\left(\left.\frac{\mathrm{d}\hat{v}_\mathrm{opt}(\Delta\hat{x}_n)}{\mathrm{d}\Delta\hat{x}_n}\right|_{\Delta\hat{x}_n=\Delta\hat{x}_\mathrm{st}}\right)^2 = \\
& \left(\frac{1}{\hat{\tau}_\mathrm{F}} + \frac{1}{\hat{\tau}_\mathrm{B}}\right)2\sin^2\left(\frac{k\Delta\hat{x}_\mathrm{st}}{2}\right)\left.\frac{\mathrm{d}\hat{v}_\mathrm{opt}(\Delta\hat{x}_n)}{\mathrm{d}\Delta\hat{x}_n}\right|_{\Delta\hat{x}_n=\Delta\hat{x}_\mathrm{st}}\frac{1}{\hat{\tau}_\mathrm{D}^2} \\
& + \left[\frac{1}{\hat{\tau}_\mathrm{D}^3} + \left(\frac{1}{\hat{\tau}_\mathrm{F}} + \frac{1}{\hat{\tau}_\mathrm{B}}\right)8\sin^2\left(\frac{k\Delta\hat{x}_\mathrm{st}}{2}\right)\left.\frac{\mathrm{d}\hat{v}_\mathrm{opt}(\Delta\hat{x}_n)}{\mathrm{d}\Delta\hat{x}_n}\right|_{\Delta\hat{x}_n=\Delta\hat{x}_\mathrm{st}}\frac{1}{\hat{\tau}_\mathrm{D}}\right]a \\
& + \left[\frac{5}{\hat{\tau}_\mathrm{D}^2} + \left(\frac{1}{\hat{\tau}_\mathrm{F}} + \frac{1}{\hat{\tau}_\mathrm{B}}\right)8\sin^2\left(\frac{k\Delta\hat{x}_\mathrm{st}}{2}\right)\left.\frac{\mathrm{d}\hat{v}_\mathrm{opt}(\Delta\hat{x}_n)}{\mathrm{d}\Delta\hat{x}_n}\right|_{\Delta\hat{x}_n=\Delta\hat{x}_\mathrm{st}}\right]a^2 \\
& + \frac{8}{\hat{\tau}_\mathrm{D}}a^3 \\
& + 4a^4
\end{aligned} \tag{4.47}$$

4 Die Rotierende Teilchenkette

Da a als klein angesehen werden soll, können höhere Potenzen von a vernachlässigt werden. Die resultierende Gleichung lässt sich auf ähnliche Weise umstellen, wie es für Gleichung (4.45) getan wurde.

$$\frac{1}{\hat{\tau}_D^2} = \left[\left(\frac{1}{\hat{\tau}_F} - \frac{1}{\hat{\tau}_B}\right)^2 4\sin^2\left(\frac{k\Delta\hat{x}_{st}}{2}\right)\cos^2\left(\frac{k\Delta\hat{x}_{st}}{2}\right)\left(\frac{d\hat{v}_{opt}(\Delta\hat{x}_n)}{d\Delta\hat{x}_n}\bigg|_{\Delta\hat{x}_n=\Delta\hat{x}_{st}}\right)^2 \right.$$
$$\left. - \left(\frac{1}{\hat{\tau}_F} + \frac{1}{\hat{\tau}_B}\right) 2\sin^2\left(\frac{k\Delta\hat{x}_{st}}{2}\right) \frac{d\hat{v}_{opt}(\Delta\hat{x}_n)}{d\Delta\hat{x}_n}\bigg|_{\Delta\hat{x}_n=\Delta\hat{x}_{st}} \frac{4a}{\hat{\tau}_D}\right] \times$$
$$\times \left[\left(\frac{1}{\hat{\tau}_F} + \frac{1}{\hat{\tau}_B}\right) 2\sin^2\left(\frac{k\Delta\hat{x}_{st}}{2}\right) \frac{d\hat{v}_{opt}(\Delta\hat{x}_n)}{d\Delta\hat{x}_n}\bigg|_{\Delta\hat{x}_n=\Delta\hat{x}_{st}} + \frac{a}{\hat{\tau}_D}\right]^{-1}$$
(4.48)

Wenn man a komplett vernachlässigt, erhält man wieder Gleichung (4.45). Wenn a positiv, das System also instabil ist, wird der Zähler von Gleichung (4.48) kleiner, der Nenner größer. Bei negativem a ist es andersherum. Das heißt, der stabile Bereich liegt oberhalb der Funktion (4.45), unterhalb dieser ist das System instabil.

Gleichung (4.45) gilt für beliebige Kreislängen und beliebige Teilchenzahlen. Bei höheren Teilchenzahlen vereinfacht sie sich zu einer von N unabhängigen Gleichung.

$$\frac{1}{\hat{\tau}_{D,tl}^2} = \frac{2\left(\frac{1}{\hat{\tau}_F} - \frac{1}{\hat{\tau}_B}\right)^2}{\frac{1}{\hat{\tau}_F} + \frac{1}{\hat{\tau}_B}} \frac{d\hat{v}_{opt}(\Delta\hat{x}_n)}{d\Delta\hat{x}_n}\bigg|_{\Delta\hat{x}_n=\Delta\hat{x}_{st}} \quad (4.49)$$

Im weiteren Verlauf wird der thermodynamische Grenzfall durch die Abkürzung tl (thermodynamic limit) gekennzeichnet.

4.5 Energiebilanz und Energiefluss

Ausgehend von den definierten Kräften lassen sich nun Energien definieren.

Multipliziert man beide Seiten von Gleichung (4.20) mit $\hat{v}$, erhält man die zeitliche Ableitung der kinetischen Energie.

$$\frac{d\hat{v}}{d\hat{t}}\hat{v} = \hat{F}(\Delta\hat{x}, \hat{v})\hat{v} \quad (4.50)$$

$$\frac{d}{d\hat{t}}\left(\frac{1}{2}\hat{v}^2\right) = \hat{F}(\Delta\hat{x}, \hat{v})\hat{v} \quad (4.51)$$

$$\frac{d\hat{E}_{kin}(\hat{v})}{d\hat{t}} = \hat{F}(\Delta\hat{x}, \hat{v})\hat{v} \quad (4.52)$$

Die konservative Kraft ist die negative Ortsableitung der potenziellen Energie. Aus

4.5 Energiebilanz und Energiefluss

dieser Beziehung lässt sich die potenzielle Energie ermitteln.

$$\hat{F}_{\text{kons}}(\Delta \hat{x}_{\text{F}}, \Delta \hat{x}_{\text{B}}) = -\frac{\mathrm{d}\hat{E}_{\text{pot}}(\Delta \hat{x}_{\text{F}}, \Delta \hat{x}_{\text{B}})}{\mathrm{d}\hat{x}} \quad (4.53)$$

$$\hat{F}_{\text{Forward}}(\Delta \hat{x}_{\text{F}}) + \hat{F}_{\text{Backward}}(\Delta \hat{x}_{\text{B}}) = -\frac{\mathrm{d}\Delta \hat{x}_{\text{F}}}{\mathrm{d}\hat{x}} \frac{\mathrm{d}\hat{E}_{\text{pot, Forward}}(\Delta \hat{x}_{\text{F}})}{\mathrm{d}\Delta \hat{x}_{\text{F}}}$$
$$-\frac{\mathrm{d}\Delta \hat{x}_{\text{B}}}{\mathrm{d}\hat{x}} \frac{\mathrm{d}\hat{E}_{\text{pot, Backward}}(\Delta \hat{x}_{\text{B}})}{\mathrm{d}\Delta \hat{x}_{\text{B}}}$$
$$=\frac{\mathrm{d}\hat{E}_{\text{pot, Forward}}(\Delta \hat{x}_{\text{F}})}{\mathrm{d}\Delta \hat{x}_{\text{F}}} - \frac{\mathrm{d}\hat{E}_{\text{pot, Backward}}(\Delta \hat{x}_{\text{B}})}{\mathrm{d}\Delta \hat{x}_{\text{B}}}$$
$$(4.54)$$

Es gelte $\hat{E}_{\text{pot}}(\Delta \hat{x} \to \infty) = 0$, dann ergibt sich folgendes Integral zur Berechnung der potenziellen Energie.

$$\hat{E}_{\text{pot}}(\Delta \hat{x}_{\text{F}}, \Delta \hat{x}_{\text{B}}) = \int_{\infty}^{\Delta \hat{x}_{\text{F}}} \hat{F}_{\text{Forward}}(\Delta \hat{x}'_{\text{F}}) \mathrm{d}\Delta \hat{x}'_{\text{F}} - \int_{\infty}^{\Delta \hat{x}_{\text{B}}} \hat{F}_{\text{Backward}}(\Delta \hat{x}'_{\text{B}}) \mathrm{d}\Delta \hat{x}'_{\text{B}} \quad (4.55)$$

Die Integrale lassen sich mit Hilfe von Gleichung (A.51) lösen.

$$\hat{E}_{\text{pot}}(\Delta \hat{x}_{\text{F}}, \Delta \hat{x}_{\text{B}}) = \frac{1}{\hat{\tau}_{\text{F}}}\left(\frac{\pi}{2} - \arctan(\Delta \hat{x}_{\text{F}})\right) + \frac{1}{\hat{\tau}_{\text{B}}}\left(\frac{\pi}{2} - \arctan(\Delta \hat{x}_{\text{B}})\right) \quad (4.56)$$

Die zeitliche Ableitung der Gesamtenergie eines Teilchens

$$\hat{E}(\Delta \hat{x}_{\text{F}}, \Delta \hat{x}_{\text{B}}, \hat{v}) = \hat{E}_{\text{kin}}(\hat{v}) + \hat{E}_{\text{pot}}(\Delta \hat{x}_{\text{F}}, \Delta \hat{x}_{\text{B}}) \quad (4.57)$$

ist der negative Energiefluss $\hat{\Phi}(\Delta \hat{x}_{\text{F}}, \Delta \hat{x}_{\text{B}}, \hat{v}, \hat{v}_{\text{F}}, \hat{v}_{\text{B}})$ durch das Teilchen.

$$-\hat{\Phi}(\Delta \hat{x}_{\text{F}}, \Delta \hat{x}_{\text{B}}, \hat{v}, \hat{v}_{\text{F}}, \hat{v}_{\text{B}}) = \frac{\mathrm{d}}{\mathrm{d}\hat{t}}\left(\hat{E}_{\text{kin}}(\hat{v}) + \hat{E}_{\text{pot}}(\Delta \hat{x}_{\text{F}}, \Delta \hat{x}_{\text{B}})\right)$$
$$= \hat{F}_{\text{kons}}(\Delta \hat{x})\hat{v} + \hat{F}_{\text{diss}}(\hat{v})\hat{v} + \frac{\mathrm{d}\hat{E}_{\text{pot, Forward}}(\Delta \hat{x}_{\text{F}})}{\mathrm{d}\hat{t}}$$
$$+ \frac{\mathrm{d}\hat{E}_{\text{pot, Backward}}(\Delta \hat{x}_{\text{B}})}{\mathrm{d}\hat{t}}$$
$$= \hat{F}_{\text{kons}}(\Delta \hat{x})\hat{v} + \hat{F}_{\text{diss}}(\hat{v})\hat{v} + \frac{\mathrm{d}\hat{E}_{\text{pot, Forward}}(\Delta \hat{x}_{\text{F}})}{\mathrm{d}\Delta \hat{x}_{\text{F}}}(\hat{v}_{\text{F}} - \hat{v})$$
$$+ \frac{\mathrm{d}\hat{E}_{\text{pot, Backward}}(\Delta \hat{x}_{\text{B}})}{\mathrm{d}\Delta \hat{x}_{\text{B}}}(\hat{v} - \hat{v}_{\text{B}})$$
$$= \hat{F}_{\text{Forward}}(\Delta \hat{x}_{\text{F}})\hat{v} + \hat{F}_{\text{Backward}}(\Delta \hat{x}_{\text{B}})\hat{v} + \hat{F}_{\text{diss}}(\hat{v})\hat{v}$$
$$+ \hat{F}_{\text{Forward}}(\Delta \hat{x}_{\text{F}})(\hat{v}_{\text{F}} - \hat{v}) - \hat{F}_{\text{Backward}}(\Delta \hat{x}_{\text{B}})(\hat{v} - \hat{v}_{\text{B}})$$
$$= \hat{F}_{\text{diss}}(\hat{v})\hat{v} + \hat{F}_{\text{Forward}}(\Delta \hat{x}_{\text{F}})\hat{v}_{\text{F}} + \hat{F}_{\text{Backward}}(\Delta \hat{x}_{\text{B}})\hat{v}_{\text{B}}$$
$$(4.58)$$

4 Die Rotierende Teilchenkette

Aus den Definitionen des Flusses als negative Energieänderung und der Kräfte als immer positive bzw. negative Größen ergibt sich eine Aufspaltung des Flusses in einen negativen und einen positiven Teil.

$$\frac{\mathrm{d}}{\mathrm{d}\hat{t}}\hat{E} + \hat{\Phi}_{\mathrm{in}} + \hat{\Phi}_{\mathrm{out}} = 0 \tag{4.59}$$

$$\hat{\Phi}_{\mathrm{in}} = -\hat{F}_{\mathrm{diss}}(\hat{v})\hat{v} - \hat{F}_{\mathrm{Backward}}(\Delta\hat{x}_{\mathrm{B}})\hat{v}_{\mathrm{B}} \leq 0 \tag{4.60}$$

$$\hat{\Phi}_{\mathrm{out}} = -\hat{F}_{\mathrm{Forward}}(\Delta\hat{x}_{\mathrm{F}})\hat{v}_{\mathrm{F}} \geq 0 \tag{4.61}$$

Stellt man sich den stationären Fall vor, in dem alle Fahrzeuge die gleiche Geschwindigkeit fahren und den gleichen Abstand zum Vorder- und Hintermann haben, verschwindet zwar der Gesamtenergiefluss eines jeden Fahrzeugs, allerdings gibt es immer von 0 verschiedene Teilströme, das System befindet sich also nicht im thermodynamischen Gleichgewicht sondern in einem Fließgleichgewicht. In Analogie zum Straßenverkehr bedeutet dies, dass ein Fahrzeug bei konstanter Geschwindigkeit Energie verbraucht.

5 Eine Modellbetrachtung

In den kommenden Abschnitten soll das sehr allgemeine System (4.17) und (4.18) nur noch im Spezialfall (4.23) der totalen Asymmetrie betrachtet werden. Zusätzlich soll $\hat{\tau}_F = \hat{\tau}_D = b^{-1}$ gelten. Dadurch vereinfachen sich die Bewegungsgleichungen zu

$$\frac{d\hat{v}}{d\hat{t}} = b(\hat{v}_{\text{opt}} - \hat{v}) \tag{5.1}$$

$$\frac{d\hat{x}}{d\hat{t}} = \hat{v} \tag{5.2}$$

und sollen als Modell der optimalen Geschwindigkeit (kurz OVM für *O*ptimal *V*elocity *M*odel) bezeichnet werden. Das Modell stellt also eine Relaxation zur optimalen Geschwindigkeit v_{opt} dar. Die Relaxationskonstante ist dabei

$$\hat{\tau} = b^{-1} \quad . \tag{5.3}$$

Die dimensionslose Version von Gleichung (4.10) ist

$$\hat{v}_{\text{opt}}(\Delta \hat{x}) = \frac{(\Delta \hat{x})^2}{1 + (\Delta \hat{x})^2} \quad . \tag{5.4}$$

Gleichung (5.4) ist in Abbildung 5.1 dargestellt. Sugiyama behandelte in [1] eine ähnliche Funktion.

Aus diesen Definitionen ergeben sich andere Größen, die an dieser Stelle aufgelistet werden sollen.

$$\hat{F}_{\text{diss}}(\hat{v}) = b(1 - \hat{v}) \geq 0 \tag{5.5}$$

$$\hat{F}_{\text{kons}}(\Delta \hat{x}) = b\left(\hat{v}_{\text{opt}}(\Delta \hat{x}) - 1\right) \leq 0 \tag{5.6}$$

$$\hat{v}_{\text{st}} = \hat{v}_{\text{opt}}\left(\frac{\hat{L}}{N}\right) \tag{5.7}$$

$$b(\Delta \hat{x}_{\text{st}}) = \frac{2\Delta \hat{x}_{\text{st}}}{[1 + (\Delta \hat{x}_{\text{st}})^2]^2}\left(1 + \cos\left(\frac{2\pi}{N}\right)\right) \tag{5.8}$$

$$b_{\text{tl}}(\Delta \hat{x}_{\text{st}}) = \frac{4\Delta \hat{x}_{\text{st}}}{[1 + (\Delta \hat{x}_{\text{st}})^2]^2} \tag{5.9}$$

$$\hat{E}_{\text{pot}}(\Delta \hat{x}_F) = b\left(\frac{\pi}{2} - \arctan(\Delta \hat{x}_F)\right) \tag{5.10}$$

$$\hat{\Phi}_{\text{in}} = -\hat{F}_{\text{diss}}(\hat{v})\hat{v} \leq 0 \tag{5.11}$$

$$\hat{\Phi}_{\text{out}} = -\hat{F}_{\text{kons}}(\Delta \hat{x}_F)\hat{v}_F \geq 0 \tag{5.12}$$

5 Eine Modellbetrachtung

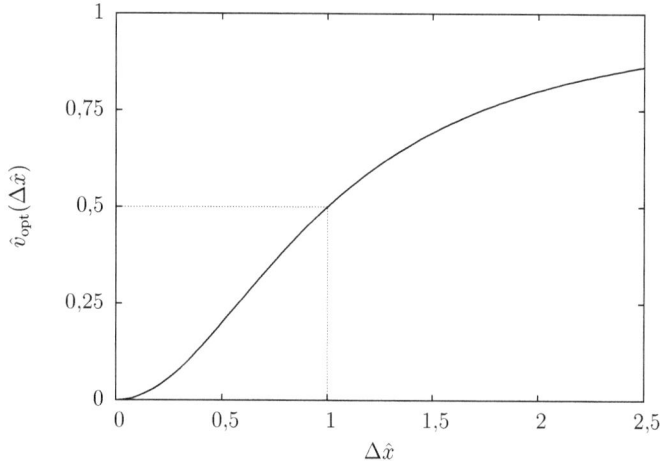

Abb. 5.1: Dargestellt ist die optimale Geschwindigkeit über dem Abstand zum Vordermann nach Gleichung (5.4). Zusätzlich ist der Fall markiert, wenn die Geschwindigkeit die Hälfte der maximalen Geschwindigkeit beträgt (gestrichelte Linie).

Die Funktion $b_{\mathrm{tl}}(\Delta \hat{x}_{\mathrm{st}})$ selbst wird im weiteren Verlauf der Arbeit Spinodale genannt. Dagegen ist b nur der Parameter, der das komplette System bestimmt.

Das OVM beschreibt nur die Wechselwirkung zweier Fahrzeuge bzw. Teilchen. Im folgenden Text sollen die Begriffe *Fahrzeug* und *Teilchen* als synonym gelten. Als Vielteilchensystem soll jetzt ein Kreis der Länge $\hat{L}$ angenommen werden. Auf dem Kreis sollen sich N Fahrzeuge entsprechend des OVM bewegen. Eine Aufgabe wird sein, die Spinodale näher zu untersuchen.

An dieser Stelle sollen einheitliche Bezeichnungen eingeführt werden. Aus der Länge der Strecke $\hat{L}$ und der Fahrzeugzahl N ergibt sich die Gesamtdichte

$$\hat{\varrho} = \frac{N}{\hat{L}} \qquad (5.13)$$

des Systems. Die reziproke Dichte ist der mittlere Abstand, der mit

$$\Delta \hat{x} = \frac{\hat{L}}{N} \qquad (5.14)$$

bezeichnet wird. Im Allgemeinen sollen über das System gemittelte Größen keinen Index erhalten. Größen, die sich auf ein einzelnes Fahrzeug beziehen, erhalten einen

Index i, der einen Wert zwischen 1 und N annehmen kann.

$$\hat{v} = \frac{1}{N} \sum_{i=1}^{N} \hat{v}_i \qquad (5.15)$$

$$\hat{E} = \frac{1}{N} \sum_{i=1}^{N} \hat{E}_i \qquad (5.16)$$

$$\hat{E}_{\text{kin}} = \frac{1}{N} \sum_{i=1}^{N} \hat{E}_{\text{kin},\,i} \qquad (5.17)$$

$$\hat{E}_{\text{pot}} = \frac{1}{N} \sum_{i=1}^{N} \hat{E}_{\text{pot},\,i} \qquad (5.18)$$

$$\hat{\Phi} = \frac{1}{N} \sum_{i=1}^{N} \hat{\Phi}_i \qquad (5.19)$$

$$\hat{\Phi}_{\text{in}} = \frac{1}{N} \sum_{i=1}^{N} \hat{\Phi}_{\text{in},\,i} \qquad (5.20)$$

$$\hat{\Phi}_{\text{out}} = \frac{1}{N} \sum_{i=1}^{N} \hat{\Phi}_{\text{out},\,i} \qquad (5.21)$$

Insgesamt ist das System also über den Parameter b definiert, der das OVM spezifiziert. Hinzu kommen die Systemgrößen $\hat{L}$ und N. Bei großen Systemen sollte sich dies auf b und die Dichte $\hat{\varrho}$ (bzw. den mittleren Abstand $\Delta\hat{x}$) reduzieren.

5.1 Spezialfälle des Modells

Bevor das System im thermodynamischen Grenzfall betrachtet wird, sollen einige Sonderfälle des Systems betrachtet werden.

5.1.1 Ein Fahrzeug im Kreis

Auf dem Ring befindet sich nur ein Fahrzeug. Da es sich trotzdem um einen Kreis handelt, sieht sich das Fahrzeug selbst und hat somit einen konstanten Abstand von $\Delta\hat{x} = \hat{L}$. Die daraus resultierende bremsende Kraft $\hat{F}_{\text{kons}}(\Delta\hat{x})$ ist somit ebenfalls konstant. Die beschleunigende Kraft $\hat{F}_{\text{diss}}(\hat{v})$ ist geschwindigkeitsabhängig. Das Fahrzeug startet zum Zeitpunkt $\hat{t} = 0$ aus dem Stand. Die resultierende Differenzialgleichung

$$\frac{d\hat{v}(\hat{t})}{d\hat{t}} = b\left(\frac{\hat{L}^2}{1+\hat{L}^2} - \hat{v}(\hat{t})\right) \qquad (5.22)$$

5 Eine Modellbetrachtung

ist lösbar und ergibt

$$\hat{v}(\hat{t}) = \frac{\hat{L}^2}{1+\hat{L}^2}\left(1-\exp(-b\hat{t})\right) \quad . \tag{5.23}$$

Mit der ermittelten Geschwindigkeit $\hat{v}(\hat{t})$, der Kreislänge $\hat{L}$ und dem Parameter b lassen sich nun alle Größen berechnen.

Der Zustrom $\hat{\Phi}_{\text{in}}$ ist eine quadratische Funktion der Geschwindigkeit. Diese hat ein Minimum bei $\hat{v}=0{,}5$. Wenn also die optimale Geschwindigkeit $\hat{v}_{\text{opt}}(\Delta\hat{x})$ größer als 0,5 ist, wird der Zustrom ein Minimum haben, andernfalls nicht. Für den Kreis bedeutet das eine kritische Länge von $\hat{L} = \Delta\hat{x} = 1$.

5.1.2 Ein Fahrzeug und eine Mauer

Ein Fahrzeug startet aus dem Stand in einem gewissen Abstand von einer Mauer. Das Auto wird beschleunigen, bis die abstoßenden Kräfte der Mauer zu groß sind und es anfängt, langsamer zu werden. Abhängig vom Parametern b wird es entweder in die Mauer fahren oder davor zum Stehen kommen. Dieser Fall ist leider nicht analytisch lösbar, allerdings lassen sich prinzipielle Aussagen treffen. Wie zuvor bereits erwähnt sollte der Energiezustrom ein Extremum haben, wenn es die halbe Maximalgeschwindigkeit überschreitet. Dies kann zwei mal passieren. Außerdem wird die Funktion in der Zeit ein Extremum haben, wenn die Geschwindigkeit ihr Maximum durchschreitet. Der Energieabfluss wird in diesem Fall gleich 0 sein, da die Geschwindigkeit der Mauer gleich 0 ist. Die Gesamtenergie im System steigt also stetig an. Man kann den Energieendbetrag bestimmen, wenn man annimmt, dass das Fahrzeug unmittelbar vor der Mauer zum Stehen kommt. Dann hat sie den Wert

$$\hat{E}(\Delta\hat{x} = 0) = \frac{\pi}{2}b \tag{5.24}$$

und ist nur noch von b abhängig.

5.1.3 Unfallfreiheit bei zwei Fahrzeugen

Eine Verallgemeinerung des vorherigen Falles einer Mauer ist ein zweites Fahrzeug mit konstanter Geschwindigkeit $\hat{v}_0$. Das betrachtete Fahrzeug startet aus dem Stand in sehr großer Entfernung vom zweiten Fahrzeug.

Abhängig vom gewählten Parameter b kommt es anschließend zu einem Auffahrunfall oder nicht. Der Grenzwert zwischen unfallfreiem und unfallerzeugendem Modell soll als b_{koll} bezeichnet werden. Für ein still stehendes Führungsfahrzeug wurde $b_{\text{koll}} = 1{,}1717$ ermittelt. Für höhere Werte ist das Modell unfallfrei, bei kleineren Werten werden Unfälle produziert. Dieser Wert stellt die oberste Grenze für b_{koll} dar. Wenn sich das vordere Fahrzeug mit konstanter Geschwindigkeit $\hat{v}_0$ bewegt, sollten kleinere b_{koll}-Werte möglich sein. Die Abbildung 5.2 zeigt die Abhängigkeit zwischen b_{koll} und $\hat{v}_0$.

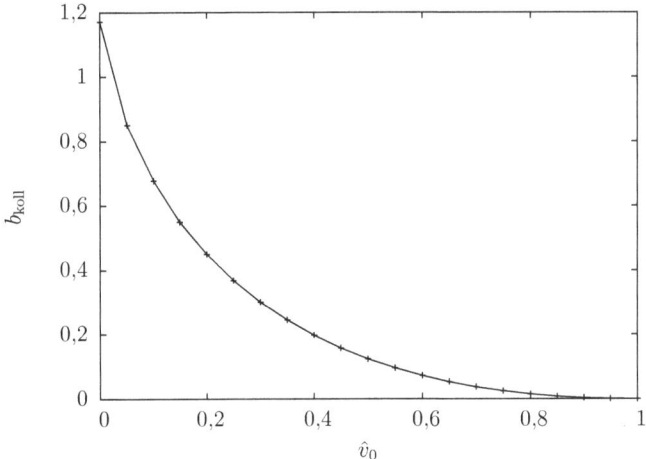

Abb. 5.2: Dargestellt ist der kritische Parameter b_{koll} über der Geschwindigkeit des voraus fahrenden Fahrzeugs.

5.1.4 Der thermodynamische Grenzfall

Ein weiterer Spezialfall ist der, wenn die Fahrzeugzahl N sehr groß wird, parallel aber die Dichte gegen eine Konstante wie in Gleichung (5.13) strebt. Dann soll vom thermodynamischen Grenzfall gesprochen werden. Dieser Fall macht es jedoch nötig, einige Vorbetrachtungen zu treffen. Dies werden Untersuchungen von einem System mit $N = 60$ Fahrzeugen sein.

5.2 Das Modell mit 60 Fahrzeugen

Bisher wurde das homogene System betrachtet und es konnte ermittelt werden, wann dieses homogene System instabil wird. Es ist jedoch nicht klar, wie sich das System dann entwickelt. Um dies heraus zu finden, wurde ein Programm *ovm.exe* geschrieben, was das gekoppelte Differenzialgleichungssystem (4.17) und (4.18) löst. Nähere Erläuterungen zu ovm.exe sind im Kapitel A auf Seite 124 zu finden.

Die Fahrzeugzahl wurde auf $N = 60$ Fahrzeuge festgelegt. In den Rechnungen wurde dann die mittlere Dichte und der Parameter b variiert.

5 Eine Modellbetrachtung

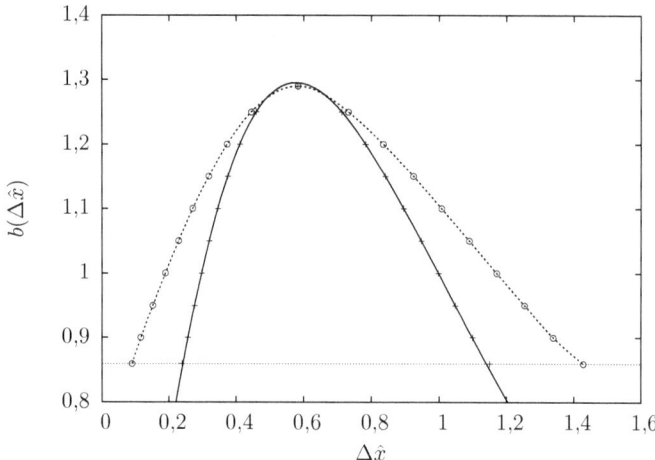

Abb. 5.3: Dargestellt ist die Spinodale $b(\Delta\hat{x})$ nach Gleichung (5.8) bei $N = 60$ (Linie). Oberhalb der Funktion ist das homogene System stabil. Unterhalb ist es instabil. Die Kreuze stellen Ergebnisse von Rechnungen dar. Die Kreise sind Rechenergebnisse für die Binodale, die gestrichelte Linie ist ein kubischer Spline durch diese Punkte. Unterhalb der gepunkteten Linie kommt es beim inhomogenen System zu negativen Abständen, also zu Unfällen.

5.2.1 Langzeitlösungen

Bei allen Rechnungen wurde zunächst eine homogene Anfangssituation gewählt. Das heißt, alle Fahrzeuge haben zunächst den gleichen Abstand zum nächsten Fahrzeug. Zusätzlich starten alle Fahrzeuge aus dem Stand. Dieses System würde jedoch in der folgenden deterministischen Rechnung keine Entwicklung vollziehen, weshalb ein einzelnes Fahrzeug leicht verrückt startet. Die Dichte des Systems wird variiert, indem die Kreislänge $\hat{L}$ verändert wird. Das Ende einer jeden Rechnung ist durch eine stabile Endsituation definiert.

Es zeigt sich, dass sich zwei Situationen in der Langzeitlösung stabilisieren. Zum einen ist dies eine homogene Lösung mit äquidistanter Fahrzeugverteilung und einer konstanten Geschwindigkeit. Diese Geschwindigkeit ist die optimale Geschwindigkeit bei der globalen Dichte. Zum anderen kann sich eine Lösung stabilisieren, bei der es eine dichte und eine dünne Phase gibt (folgend *Clusterlösung* genannt). Wenn man immer von der besagten homogenen Anfangssituation startet, stabilisiert sich dichteabhängig die eine oder andere Situation. Die durch eine Stabilitätsanalyse gefundene Funktion (5.8) (bzw. näherungsweise auch (5.9)) trennt dabei die beiden

5.2 Das Modell mit 60 Fahrzeugen

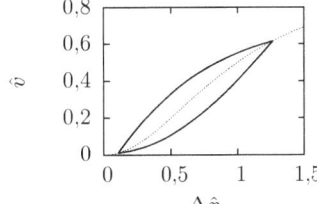 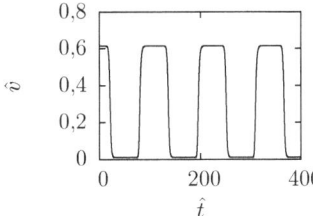

Abb. 5.4: Dargestellt ist der Grenzzyklus bei $N = 60$ Fahrzeugen, einer Gesamtlänge von $\hat{l} = 40$ und dem Parameter $b = 1{,}0$ (links) sowie die Geschwindigkeit eines Fahrzeugs über der Zeit, wobei die Zeit willkürlich bei $\hat{t} = 0$ beginnt (rechts).

Bereiche voneinander ab. Weiterführende Informationen zum Verkehrszusammenbruch sind in [20, 21, 22, 25, 39, 40] zu finden.

Dem Programm kann man auch eine andere Anfangssituation vorgeben. Beispielsweise wurde eine Clusterlösung als Anfangssituation vorgegeben. Anschließend hat das Programm nach und nach die Länge der Strecke vergrößert oder verkleinert, dabei aber die Fahrzeugzahl konstant gelassen. Zwischen jeder Änderung der Streckenlänge hatte das System Zeit, eine stabile Situation zu finden. Es zeigt sich, dass sich so stabile Clusterlösungen finden lassen, die außerhalb des durch Gleichung (5.8) definierten Bereiches liegen. Ab einer gewissen Länge stabilisiert sich nur noch die homogene Lösung. Die Grenzfunktion zwischen dem rein homogenen Bereich und dem metastabilen Bereich soll *Binodale* genannt werden.

Die Rechenergebnisse sind inklusive der theoretischen Ergebnisse in Abbildung 5.3 dargestellt. Eine Verfeinerung dieser Darstellung wird folgen, wenn es darum geht, deutlich höhere Fahrzeugzahlen zu betrachten. Warum die Spinodale auch im Bereich fortgesetzt wurde, wo es eigentlich zu Unfällen kommt, wird an dieser Stelle geklärt.

5.2.2 Der Grenzzyklus

Bevor größere Fahrzeugzahlen untersucht werden, ist es nötig, sich die Clusterlösung genauer anzusehen. Abbildung 5.4 zeigt links den Phasenraum eines Fahrzeugs. Das Fahrzeug bewegt sich zwischen den zwei Phasen, deren Position durch den Parameter b bestimmt ist. Dieses Verhalten nennt sich Grenzzyklus. Abbildung 5.4 zeigt rechts wiederum, dass sich das Fahrzeug meist in einer der beiden Phasen aufhält und dabei eine konstante Geschwindigkeit hält. Die beiden Phasen sind also jeweils durch einen konstanten Abstand $\Delta \hat{x}_{\text{ff}}$ bzw. $\Delta \hat{x}_{\text{cl}}$ definiert. Die jeweilige Geschwindigkeit ist die optimale Geschwindigkeit beim jeweiligen Abstand in der Phase.

5 Eine Modellbetrachtung

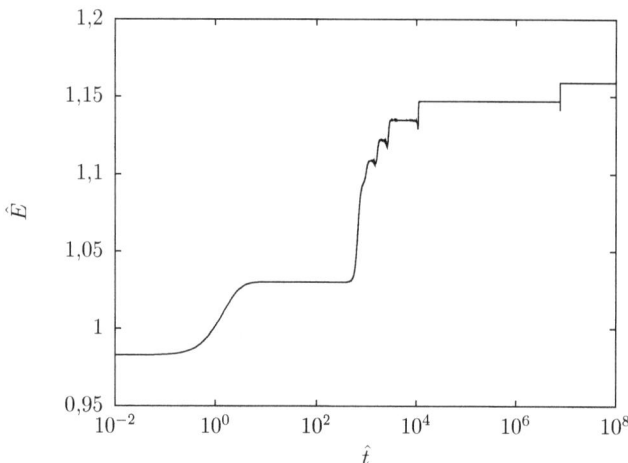

Abb. 5.5: Dargestellt ist die mittlere Energie der Fahrzeuge über der Zeit.

5.2.3 Zeitliche Entwicklung bei 60 Fahrzeugen

Bisher wurde das System immer in der Langzeitlösung betrachtet. Allerdings ist es für das Verständnis des Systems sinnvoll, auch die zeitliche Entwicklung zu betrachten. Hierfür ist in Abbildung 5.5 die Gesamtenergie aller Fahrzeuge über der Zeit aufgetragen. In der logarithmischen Darstellung ist gut zu sehen, dass die Energie zu Beginn ansteigt, da die Fahrzeuge mehr oder weniger homogen verteilt beschleunigen. Es folgt eine Phase konstanter Energie, bevor ein großer Energiesprung stattfindet. Es folgen kleine, in etwa gleich große Energiesprünge, bis das System bei einer konstanten Energie verharrt. Jeder Sprung entspricht der Verringerung der Clusterzahl um eins (siehe [26]).

5.2.4 Grenzen bei 60 Fahrzeugen

Im Gegensatz zur Spinodalen, die analytisch bestimmt werden kann, ist die Binodale bisher nur über numerische Rechnungen zugänglich. Auch konnte bisher nicht die Frage der Kollisionen geklärt werden. Abbildung 5.3 gibt diesbezüglich keine Hinweise. In Abbildung 5.6 lassen sich aber die Grenzen bereits erahnen, die sich bei Rechnungen mit 60 Fahrzeugen auftun. Für diese Abbildung wurde versucht, die Dichte-Werte zu finden, ab denen sich keine Zweiphasenlösung mehr stabilisieren kann. Links ist die mittlere Energie $\hat{E}$ der Fahrzeuge über dem mittleren Abstand abgetragen. Man kann einen linearen Verlauf der Clusterlösung erkennen. Dieser

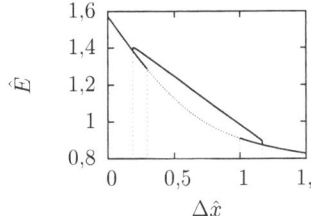 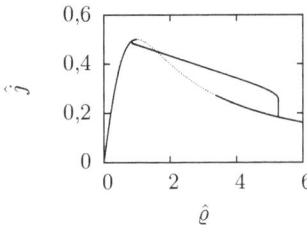

Abb. 5.6: Links: Mittlere Energie der Fahrzeuge über dem mittleren Abstand bei $N = 60$ Fahrzeugen und $b = 1{,}0$. Rechts: Fluss über der Gesamtdichte.

setzt sich jedoch nicht fort, bis die homogene Lösung erreicht ist, sondern fällt auf diese herab. In der rechten Abbildung wurde der mittlere Fluss des Systems über der Dichte aufgetragen. Auch hier kann man sehr gut den linearen Verlauf erkennen, allerdings ist der Abfall auf die homogene Lösung speziell bei hoher Dichte besser erkennbar. Die Vermutung liegt also nahe, dass die Rechnungen für die Binodale bei 60 Fahrzeugen nicht zuverlässig sind, da sich ja gerade die Binodale aus den Werten ergibt, wo sich homogene und Clusterlösung treffen. Versuche, mit höheren Fahrzeugzahlen direkt zu rechnen, scheiterten daran, dass sich die Langzeitlösung bei der verfügbaren Rechenleistung nicht einstellte. Dies liegt daran, dass die Situation, in der sich nur noch zwei Cluster im System befinden, sehr stabil ist, falls die Cluster räumlich weit voneinander entfernt sind.

Grundsätzlich kann man an einem System mit 60 Fahrzeugen viel ableiten. Bei den oben beschriebenen Anfangsbedingungen bleibt die homogene Lösung entweder nur kurz oder für alle Zeit stabil. Zerfällt sie, entstehen wenige Cluster, die sich in der Folgezeit zu größeren Clustern verbinden, bis in der Langzeitlösung nur ein einzelner Cluster übrig bleibt.

5.3 Der thermodynamische Grenzfall

Im letzten Kapitel wurde gezeigt, dass sich bei einem bestimmten Parameter b zwei charakteristische Dichten (ϱ_{ff} und ϱ_{cl}) bilden. Diese Dichten sind unabhängig von der Gesamtdichte. Es wird sich zeigen, dass die Abweichungen von den beiden Dichten bei einem sehr großen bzw. sehr kleinen Cluster (erkennbar am Abweichen vom linearen Verlauf in Abbildung 5.6) aufgrund eines Effektes der endlichen Systemgröße auftreten.

Ausgehend von der Annahme, dass die Gesamtdichte und der Parameter b die Dichten im freien Verkehr und im Cluster definieren, werden sich immer wenige Fahrzeuge zwischen den Phasen befinden. Diese Anzahl sollte zumindest ab einer gewissen Systemgröße konstant sein und sich somit bei steigender Gesamtfahrzeug-

5 Eine Modellbetrachtung

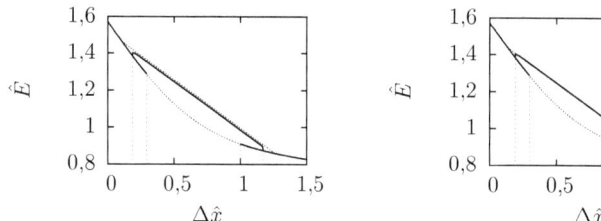

Abb. 5.7: Energie pro Fahrzeug wie in Abbildung 5.6 links, gestrichelte Linie ist theoretische Energie nach Gleichung (5.28) (links) und (5.30) (rechts).

zahl immer weniger auf die Eigenschaften des Systems auswirken. In Abbildung 5.6 würde das Abfallen erst bei höheren (Cluster) bzw. niedrigeren (freier Verkehr) Dichten stattfinden. Im Grenzfall eines sehr großen Systems sollte kein Abfall stattfinden und die Grenzzykluslösung geht an den für die jeweilige Phase charakteristischen Dichte in die homogene Phase über. Die Binodale, die ja aus diesen Werten bestimmt wird, ist also abhängig von der Systemgröße. Wenn in der Folge von der *Binodalen* gesprochen wird, soll der Grenzfall eines unendlich großen Systems gemeint sein. Das Problem, dieses System in guter Näherung zu charakterisieren, soll später gelöst werden.

Bei der Clusterlösung kann man in erster Näherung davon ausgehen, dass sich eine bestimmte Anzahl der Fahrzeuge im Cluster befindet, während die restlichen Fahrzeuge dem freien Verkehr zuzuordnen sind. Sowohl im Cluster als auch im freien Verkehr gibt es eine jeweils feste Dichte $\hat{\varrho}_{\text{cl}} = \frac{1}{\Delta \hat{x}_{\text{cl}}}$ und $\hat{\varrho}_{\text{ff}} = \frac{1}{\Delta \hat{x}_{\text{ff}}}$. Mit der Gesamtdichte $\hat{\varrho} = \frac{N}{L}$ kann man damit die Anzahl der Fahrzeuge N_{cl} und N_{ff} in der jeweiligen Phase berechnen.

$$\frac{N_{\text{cl/ff}}}{N} = \frac{\frac{1}{\hat{\varrho}} - \Delta \hat{x}_{\text{ff/cl}}}{\Delta \hat{x}_{\text{cl/ff}} - \Delta \hat{x}_{\text{ff/cl}}} \qquad (5.25)$$

Allgemein lautet die Energiegleichung für ein System aus N Teilchen wie folgt.

$$\hat{E} = \frac{1}{N} \sum_i \frac{1}{2} \hat{v}_i^2 + b \left(\frac{\pi}{2} - \frac{1}{N} \sum_i \arctan(\Delta \hat{x}_i) \right) \qquad (5.26)$$

In der jeweiligen Phase ist der Zustand stabil, das heißt, es gilt $\hat{v} = \hat{v}_{\text{opt}}(\Delta \hat{x})$. Somit

5.3 Der thermodynamische Grenzfall

ergibt sich die Energie wie folgt.

$$\hat{E}'_{\text{th}} = \frac{N_{\text{ff}}}{N} \left\{ \frac{1}{2} \left[\frac{1}{1 + \frac{1}{(\Delta \hat{x}_{\text{ff}})^2}} \right]^2 + b \left(\frac{\pi}{2} - \arctan(\Delta \hat{x}_{\text{ff}}) \right) \right\} + \\
\frac{N_{\text{cl}}}{N} \left\{ \frac{1}{2} \left[\frac{1}{1 + \frac{1}{(\Delta \hat{x}_{\text{cl}})^2}} \right]^2 + b \left(\frac{\pi}{2} - \arctan(\Delta \hat{x}_{\text{cl}}) \right) \right\} \tag{5.27}$$

$$\hat{E}'_{\text{th}} = \frac{\frac{1}{\hat{\varrho}} - \Delta \hat{x}_{\text{cl}}}{\Delta \hat{x}_{\text{ff}} - \Delta \hat{x}_{\text{cl}}} \left\{ \frac{1}{2} \left[\frac{1}{1 + \frac{1}{(\Delta \hat{x}_{\text{ff}})^2}} \right]^2 + b \left(\frac{\pi}{2} - \arctan(\Delta \hat{x}_{\text{ff}}) \right) \right\} + \\
\frac{\frac{1}{\hat{\varrho}} - \Delta \hat{x}_{\text{ff}}}{\Delta \hat{x}_{\text{cl}} - \Delta \hat{x}_{\text{ff}}} \left\{ \frac{1}{2} \left[\frac{1}{1 + \frac{1}{(\Delta \hat{x}_{\text{cl}})^2}} \right]^2 + b \left(\frac{\pi}{2} - \arctan(\Delta \hat{x}_{\text{cl}}) \right) \right\} \tag{5.28}$$

In Abbildung 5.7 ist diese Funktion zusätzlich zu den numerischen Ergebnissen dargestellt. Es lässt sich eine Differenz zwischen der numerisch und der analytisch ermittelten Energie feststellen. Dies liegt an den beiden Bereichen zwischen den Phasen in denen sich wie gesagt eine konstante Anzahl von Fahrzeugen befindet, die sich nicht einer Phase zuordnen lassen. Man kann jedoch eine Energie

$$\hat{E}_{\text{int}} = \frac{N_{\text{ff}}}{N} \left\{ \frac{1}{2} \left[\frac{1}{1 + \frac{1}{(\Delta \hat{x}_{\text{ff}})^2}} \right]^2 + b \left(\frac{\pi}{2} - \arctan(\Delta \hat{x}_{\text{ff}}) \right) \right\} + \\
\frac{N_{\text{cl}}}{N} \left\{ \frac{1}{2} \left[\frac{1}{1 + \frac{1}{(\Delta \hat{x}_{\text{cl}})^2}} \right]^2 + b \left(\frac{\pi}{2} - \arctan(\Delta \hat{x}_{\text{cl}}) \right) \right\} - \\
\frac{1}{N} \sum_{i=1}^{N} \hat{E}_i \tag{5.29}$$

definieren, die diese Energiedifferenz ausgleicht. Insgesamt ergibt sich dann der folgende Ausdruck für die Energie.

$$\hat{E}_{\text{th}} = \frac{\frac{1}{\hat{\varrho}} - \Delta \hat{x}_{\text{cl}}}{\Delta \hat{x}_{\text{ff}} - \Delta \hat{x}_{\text{cl}}} \left\{ \frac{1}{2} \left[\frac{1}{1 + \frac{1}{(\Delta \hat{x}_{\text{ff}})^2}} \right]^2 + b \left(\frac{\pi}{2} - \arctan(\Delta \hat{x}_{\text{ff}}) \right) \right\} + \\
\frac{\frac{1}{\hat{\varrho}} - \Delta \hat{x}_{\text{ff}}}{\Delta \hat{x}_{\text{cl}} - \Delta \hat{x}_{\text{ff}}} \left\{ \frac{1}{2} \left[\frac{1}{1 + \frac{1}{(\Delta \hat{x}_{\text{cl}})^2}} \right]^2 + b \left(\frac{\pi}{2} - \arctan(\Delta \hat{x}_{\text{cl}}) \right) \right\} - \\
\frac{\hat{E}_{\text{int}}}{N} \tag{5.30}$$

5 Eine Modellbetrachtung

Da $N\hat{E}_{\text{int}}$ ein konstanter Wert ist, kann der Term $\hat{E}_{\text{int}}$ bei hohen Fahrzeugzahlen vernachlässigt werden. Dies soll bei zwei Rechnungen verdeutlicht werden, deren Ergebnisse tabellarisch dargestellt sind.

N	60	45
$\hat{L}$	40	30
b	1,0	1,0
$\Delta\hat{x}$	0,667	0,667
$\hat{\varrho}$	1,5	1,5
$\Delta\hat{x}_{\text{cl}}$	0,108	0,108
$\Delta\hat{x}_{\text{ff}}$	1,265	1,265
$\hat{\varrho}_{\text{cl}}$	9,251	9,251
$\hat{\varrho}_{\text{ff}}$	0,791	0,791
N_{cl}	31,02	23,26
N_{ff}	28,98	21,74
$N\hat{E}_{\text{th, cl}}$	45,39	34,04
$N\hat{E}_{\text{th, ff}}$	24,88	18,66
$N\hat{E}_{\text{th}}$	70,26	52,70
$N\hat{E}$	69,54	51,98
$N\hat{E}_{\text{int}}$	0,720	0,720

Die Ergebnisse stimmen sehr gut mit den Überlegungen überein. Die Abstände in den Phasen sind unabhängig von der Gesamtdichte, die Energiedifferenz $N\hat{E}_{\text{int}}$ ebenso.

Der Wert für die Energiedifferenz $N\hat{E}_{\text{int}}$ entspricht dem Wert der Energiesprünge in Abbildung 5.5. Somit ist klar, dass die Energiesprünge die Situationen sind, in denen sich zwei Cluster zu einem Cluster verbinden. Dann erhöht sich die Energie im System genau um diesen Betrag.

5.3.1 Binodale und Spinodale

Die Spinodale ist aus der Stabilitätsanalyse bekannt und hat für große Systeme die folgende Form.

$$b(\Delta\hat{x}) = \frac{4\Delta\hat{x}}{[1+(\Delta\hat{x})^2]^2} \tag{5.31}$$

Daraus lässt sich ein Maximum bei b_{krit} $\left(\Delta\hat{x}_{\text{krit}} = \frac{1}{\sqrt{3}}\right) = \frac{\sqrt{27}}{4}$ ableiten.

In Abbildung 5.3 wurde eine erste Version der Binodalen eingezeichnet. In Kapitel 5.3 wurde erläutert, dass es sich bei der genauen Position der Funktion um einen Effekt der endlichen Systemgröße handelt. Wenn wir sehr viele Fahrzeuge betrachten, sollte sich die Funktion weiter außen in der Grafik befinden, da sich die Abstände, bei denen die Clusterlösung instabil wird verschieben (siehe dazu Abbildung 5.6).

5.3 Der thermodynamische Grenzfall

Wenn sich ein Cluster bildet, ist dieser Cluster durch die beiden Abstände $\Delta\hat{x}_{\text{cl}}$ und $\Delta\hat{x}_{\text{ff}}$ definiert. Wenn man die Länge $\hat{L}$ des Systems ändert, ändert sich nur das Verhältnis der Anzahl der Fahrzeuge in den beiden Phasen. Die Abstände selbst bleiben erhalten und sind nur vom Parameter b abhängig. Gesucht ist also der funktionale Zusammenhang zwischen den Abständen der Phasen und dem Parameter b.

Hierfür wurden Rechnungen bei verschiedenen Werten für b getätigt. Diese Rechnungen starteten immer bei einer Länge von $\hat{L} = 35$ und einer Fahrzeugzahl von $N = 60$. Nachdem sich ein Cluster stabilisiert hat, werden die Fahrzeuge gezählt, die sich in den beiden Phasen befinden. Ist diese Zahl zu klein, werden unter Erhaltung der Gesamtdichte zwei Fahrzeuge in die Rechnung eingefügt. Wenn genügend Fahrzeuge in einer Phase sind, wird der größte bzw. kleinste Abstand als $\Delta\hat{x}_{\text{ff}}$ bzw. $\Delta\hat{x}_{\text{ff}}$ interpretiert. Dies liefert für das Phasendiagramm zwei Punkte. Wie diese Vorgänge im Programm ovm.exe realisiert sind, ist im Kapitel A auf Seite 124 beschrieben.

Der funktionale Zusammenhang soll durch einen Fit ermittelt werden, jedoch sollen theoretische Betrachtungen zunächst die Form der Funktion einschränken. Am kritischen Punkt sollte die Binodale die Spinodale berühren und somit auch dort ihr Maximum haben. Grundsätzlich ist die Spinodale der Quotient aus einem Polynom erster und eines vierter Ordnung. Für die Binodale erhöhe ich die Ordnung des Zählers um 1, rechne allerdings nur mit dem quadratischen Teil. Den Nenner belasse ich bei seiner Ordnung. Die Fitfunktion sieht also wie folgt aus.

$$b_{\text{fit}}(\Delta\hat{x}) = \frac{(\Delta\hat{x} - \Delta\hat{x}_{\text{krit}})^2}{\sum_{i=0}^{4} n_i (\Delta\hat{x} - \Delta\hat{x}_{\text{krit}})^i} + b_{\text{krit}} \qquad (5.32)$$

Die Fitparameter sind wie folgt.

$$n_0 = -0{,}854781 \pm 0{,}000025 \qquad (5.33)$$
$$n_1 = -0{,}59376 \pm 0{,}00005 \qquad (5.34)$$
$$n_2 = -0{,}69245 \pm 0{,}00015 \qquad (5.35)$$
$$n_3 = 0{,}05815 \pm 0{,}00013 \qquad (5.36)$$
$$n_4 = -0{,}03676 \pm 0{,}00023 \qquad (5.37)$$

Die Rechnungen ergaben sofort Unfälle, wenn b kleiner als $b_{\text{koll}} = 0{,}860$ gewählt wurde. Dies stimmt sehr gut mit dem Fit überein. Bei Werten für b, die größer als 1,296 liegen, produzierten die Rechnungen nur noch eine homogene Lösungen. Eigentlich sollten sich bis zu einem Wert von $b_{\text{krit}} = 1{,}299$ Clusterlösungen ergeben. Dass dies nicht passiert, liegt wohl an der zu kleinen Anfangsfahrzeugzahl, da bei geringfügig kleineren Werten sehr hohe Fahrzeugzahlen nötig waren, um die Plateaus zu produzieren. Ein Ausweg wären höhere Anfangsfahrzeugzahlen, allerdings würden diese Rechnungen sehr lange dauern und wohl keine neuen Erkenntnisse liefern.

Oberhalb von b_{krit} ist das Verhalten des Systems definiert. Unterhalb von b_{krit} ist die Situation allerdings nicht überall klar. Unterhalb der Spinodalen kommt es zu

5 Eine Modellbetrachtung

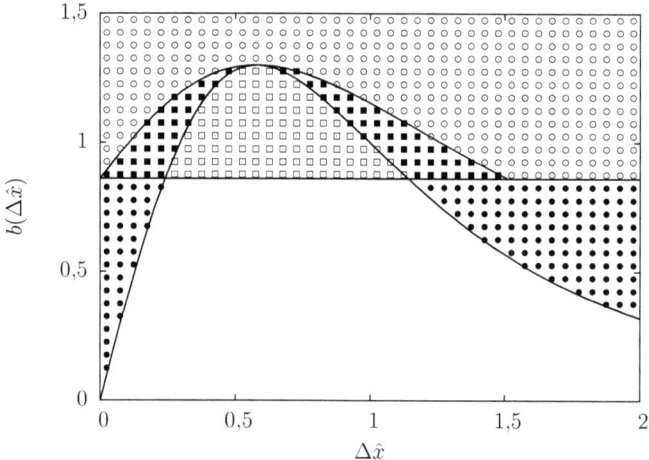

Abb. 5.8: Verschiedenen Phasen des OVM. Leere Kreise: Nur eine homogene Phase möglich. Leere Quadrate: Nur Clusterphase mit den beiden Abständen auf der Binodalen. Gefüllte Quadrate: Abhängig von der Anfangsbedingung, Clusterbildung oder homogene Phase. Gefüllte Kreise: Homogene Phase stabil, Unfälle bei Clusterbildung. Freie Fläche: Sofortige Unfallbildung.

Unfällen. Außerhalb der Spinodalen gibt es drei Bereiche, die zu unterscheiden sind. Bei sehr hohen Dichten ist man immer unter der Binodalen. Bei kleinen Dichten gibt es einen Bereich unterhalb und einen Bereich außerhalb der Binodalen. In diesen drei Bereichen wurden Beispielrechnungen vorgenommen. Es ist klar, dass sich kein Cluster bilden darf, da es sonst zu Unfällen kommen würde. Deshalb wurde mit einer homogenen Situation angefangen. Die Fahrzeugzahl N war immer 60, der Parameter b war immer 0,825, also unterhalb von b_{koll}. Die mittleren Abstände wurden so gewählt, dass sie in die drei besagten Bereiche fallen: 0,1, 1,4 und 2,0. Die Rechnungen waren stabil, obwohl die Anfangssituation Störungen aufweist. Diese wurden aber abgebaut.

Das bedeutet, dass außerhalb der Spinodalen homogene Systeme immer stabil sind. Oberhalb von b_{koll} trennt die Binodale die rein homogenen Bereiche von den Bereichen ab, in denen sich auch Cluster stabilisieren können. Unterhalb von b_{koll} hat die Binodale keine Bedeutung, da es keine Clusterlösung gibt. In Abbildung 5.8 sind die verschiedenen Bereiche dargestellt.

6 Vergleich mit Realdaten

In Abschnitt 3 wurde gesagt, dass eine Verkehrsbeobachtung eine Art Experiment sei. In Abschnitt 5 wurde dagegen ein Modell vorgestellt, dass das FFV möglichst gut wiedergeben sollte. Es ist also wichtig, das Experiment mit dem Modell zu vergleichen.

6.1 Vergleich und Folgen des Versuchsaufbaus

Zur Erzeugung der Daten wurde eine sieben- bzw. achtspurige Straße (siehe Abbildungen 3.2 und 3.3) gefilmt. Bei der Auswertung wurde sich auf die Spuren 2–5 beschränkt, da deren Verhalten untereinander ähnlich ist. Die restlichen Spuren weichen durch viele Spurwechsel (Spuren 6–8) oder fehlende Spurwechsel (Spur 1) sehr stark ab. Es bleiben also vier nebeneinander liegende Spuren, die Spurwechsel ermöglichen und zusätzlich durch die nicht beobachteten Bereiche vor Beginn und nach dem Ende der Spur beeinflusst werden. Das beobachtete System ist also offen.

Das Modell erlaubt auf seinem einspurigen Ring keine Spurwechsel oder Überholmanöver. Es kommen keine Autos in das System hinein und es fahren auch keine hinaus. Das System ist geschlossen und unterliegt somit keinen äußeren Einflüssen.

Dies führt bereits dazu, dass ein Vergleich nur bedingt möglich ist. Ein Beispiel ist eine eventuell sehr hohe Verkehrsdichte, die auf dem Ring eine entscheidende Rolle spielt, auf einer mehrspurigen Straße aber durch Spurwechsel in gewissen Grenzen kompensiert werden kann. Spurwechsel selbst erzeugen, wie in Kapitel 3.1 gezeigt wurde, Störungen, die sich dann stabil im Verkehr bewegen. Im Modell gibt es einen metastabilen Bereich (siehe Abbildung 5.8), in dem das Gleiche passieren würde. Mangels störender Spurwechsel oder äußerer Einflüsse entstehen solche Störungen allerdings nicht.

6.2 Prinzipielle Aussagen des Modells

Das OVM kann prinzipielle Eigenschaften des Straßenverkehrs reproduzieren. So zeigt Abbildung 5.8 die verschiedenen Phasen des Kreisverkehrs. Daraus lässt sich ein Fundamentaldiagramm erstellen, das Abbildung 6.1 für verschiedene Werte von b zeigt. Man kann erkennen, dass der lineare Verlauf im freien Verkehr (siehe Abbildung 6.2 und Kapitel 6.3) nicht reproduziert werden kann. Im dichten Verkehr zeigt es einen linearen Verlauf, der sich in den realen Daten nur in grober Näherung finden lässt. Besser funktioniert hier ein quadratischer Fit.

6 Vergleich mit Realdaten

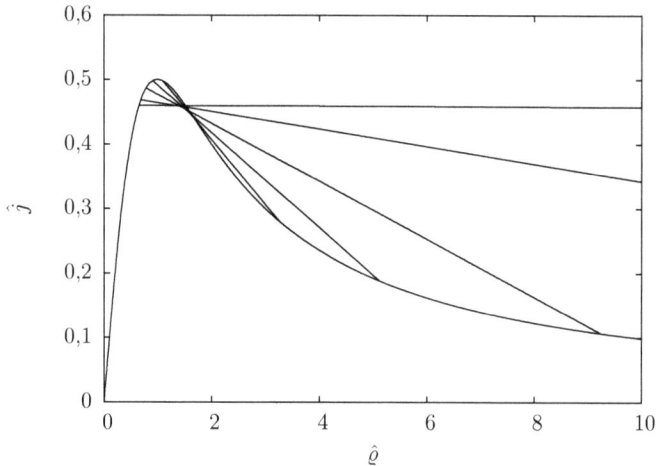

Abb. 6.1: Mit dem OVM erstellte Fundamentaldiagramme. Bei geringen Dichten liegen sie übereinander. Bei hohen Dichten zeigen sie lineares Verhalten ($b = 0{,}86$, $b = 0{,}90$, $b = 1{,}00$, $b = 1{,}10$ und $b = 1{,}2$ mit steigendem negativen Anstieg). Bei $b < 0{,}86$ kommt es zu Unfällen, was einen positiven Anstieg ergeben würde. Für $b > 1{,}295$ ergeben sich keine Staus.

Die drei Paramter $v_{\max}$, D und τ des OVM lassen sich über die Gleichungen (5.3) und (4.14) zu

$$b = \frac{D}{v_{\max}\tau} \qquad (6.1)$$

kombinieren. Der Parameter b bestimmt dann das Verhalten das Systems. Erhöht man die Maximalgeschwindigkeit $v_{\max}$, wird b kleiner, was dazu führt, dass sich bei kleineren Dichten bereits Staus bilden. Diese Tatsache wird in Verkehrsleitsystemen bereits ausgenutzt, um eine Staugefahr zu reduzieren. Der Paramter D ist in der optimalen Geschwindigkeit (4.10) ein Maß für die Reichweite der Funktion. Ein großes D erzeugt eine Wechselwirkung über große Abstände hinweg. Übersetzt man dies in ein vorausschauendes Fahren, ist es leicht zu verstehen, warum dies die Stautendenz reduziert. Der Parameter τ hingegen, kann als Reaktionszeit interpretiert werden, deren Reduzierung eine Stautendenz vermindern kann.

6.3 Bestimmung der Parameter des Modells

Es stellt sich die Frage, ob man b oder die drei in Kapitel 6.2 erläuterten Paramter mit Hilfe der Daten bestimmen kann.

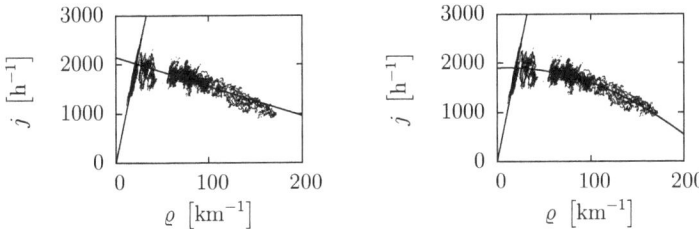

Abb. 6.2: Aus den NGSIM-Daten gewonnenes Fundamentaldiagramm mit linearen (links) und einem linearen und einem quadratischen Fit der unterschiedlichen Bereiche (rechts).

In Abbildung 6.2 wurde das aus den Daten gewonnene Fundamentaldiagramm durch einfache Funktionen gefittet. In beiden Fällen wurde der lineare Bereich bei geringen Dichten mit einer Ursprungsgeraden gefittet. Deren Anstieg sollte $v_{\max}$ sein, da in diesem Bereich alle Fahrzeuge mit ihrer maximalen Geschwindigkeit fahren. Eine Erhöhung der Dichte führt noch nicht dazu, dass sie langsamer fahren, der Fluss wird somit linear erhöht. Damit beträgt

$$v_{\max} = (25{,}819 \pm 0{,}015)\,\frac{\text{m}}{\text{s}} \quad . \tag{6.2}$$

Die Fitparameter zu Abbildung 6.2 sind in Kapitel A auf Seite 123 aufgelistet.

Bei der Bestimmung des Parameters b hilft die Geschwindigkeit, mit der sich eine Staufront rückwärts bewegt. Aus den Daten wissen wir bereits, dass dies rund $v_{\text{SF}} = -4{,}7\,\frac{\text{m}}{\text{s}}$ sind. Skaliert man diesen Wert mit $v_{\max}$, erhält man eine dimensionslose Geschwindigkeit der Staufront von

$$\hat{v}_{\text{SF}} = \frac{v_{\text{SF}}}{v_{\max}} \tag{6.3}$$

$$\hat{v}_{\text{SF}} = -0{,}182 \quad . \tag{6.4}$$

Im Modell bewegt sich die Staufront mit

$$\hat{v}_{\text{SF}} = \frac{\hat{v}_{\text{cl}}\Delta\hat{x}_{\text{ff}} - \hat{v}_{\text{ff}}\Delta\hat{x}_{\text{cl}}}{\Delta\hat{x}_{\text{ff}} - \Delta\hat{x}_{\text{cl}}} \quad . \tag{6.5}$$

Eine Herleitung befindet sich in Kapitel A auf Seit 126. Da

$$v_{\text{cl/ff}} = \hat{v}_{\text{opt}}(\hat{\Delta}x_{\text{cl/ff}}) \tag{6.6}$$

6 Vergleich mit Realdaten

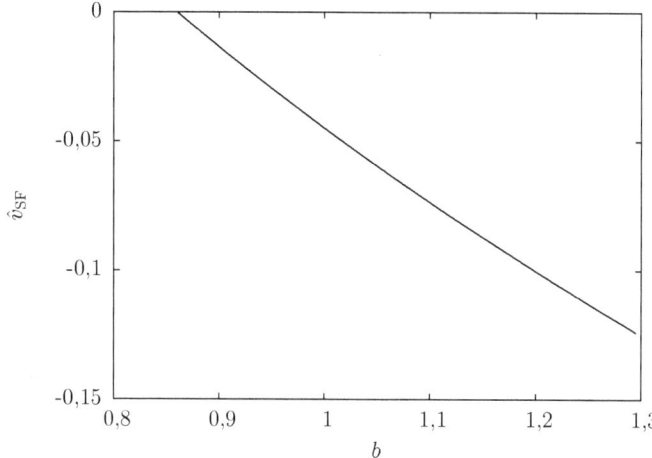

Abb. 6.3: Die Geschwindigkeit der Staufront gilt als Naturkonstante. Der in Realdaten gefunden Wert von $\hat{v}_{\mathrm{SF}} = -0{,}182$ kann nicht reproduziert werden, da er außerhalb des stauproduzierenden Parameterbereiches liegt.

gilt, kann man mit (5.32) den richtigen Parameter b finden. In Abbildung 6.3 ist $\hat{v}_{\mathrm{SF}}$ als Funktion von b dargestellt. Dargestellt ist der gesamte Bereich, in dem das Modell stabile Staus bildet. Für kleinere Werte für b produziert das Modell Unfälle, für größere zerfallen Staus und es bildet sich eine homogene Situation aus. Es existiert in diesem Bereich kein b, das $\hat{v}_{\mathrm{SF}} = -0{,}182$ erzeugt. Das Modell kann also diesen Wert nicht reproduzieren.

Es ist nicht sinnvoll, nach weiteren Parametern zu suchen, da das Modell scheinbar den Verkehr nicht in ausreichender Weise beschreibt.

6.4 Anzeichen für das Scheitern des Modells

In Kapitel 3.3 wurde in den Abbildungen 3.14 und 3.15 gezeigt, dass die Änderung der eigenen Geschwindigkeit sehr stark von der Geschwindigkeitsdifferenz zum vorausfahrenden Fahrzeug abhängt. Abbildung 6.4 zeigt das Verhalten im Grenzzyklus des OVMs. Der Unterschied ist beachtlich. Die strenge Abhängigkeit ist hier nicht zu erkennen.

Die in den Abbildungen 3.18 und 3.19 gezeigte Abhängigkeit vom Abstand ist komplexer. Hier kann man allerdings eine gewisse Ähnlichkeit zu Abbildung 6.6 erkennen, die das entsprechende Verhalten auf dem Grenzzyklus beschreibt.

6.4 Anzeichen für das Scheitern des Modells

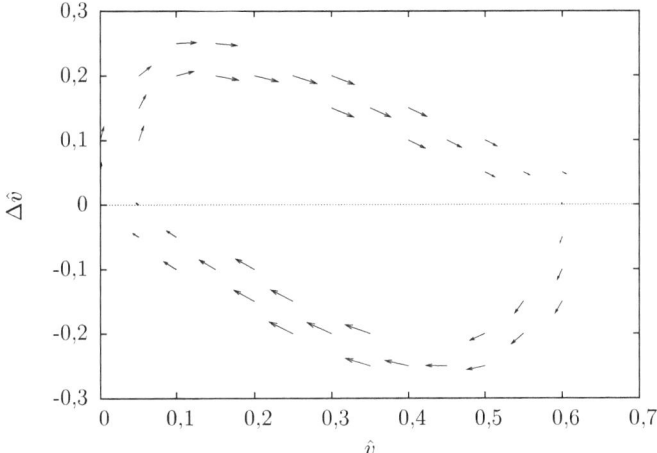

Abb. 6.4: Felddaten im Grenzzyklus. Ein Pfeil entspricht der durchschnittlichen Änderung der Position eines Fahrzeuges innerhalb von $\Delta \hat{t} = 0{,}5$.

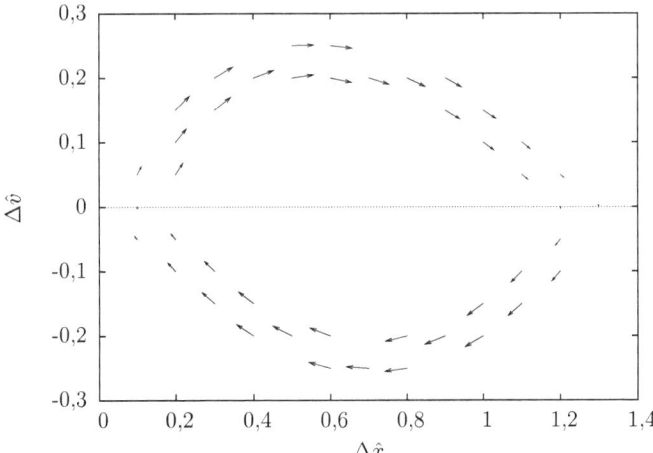

Abb. 6.5: Felddaten im Grenzzyklus. Ein Pfeil entspricht der durchschnittlichen Änderung der Position eines Fahrzeuges innerhalb von $\Delta \hat{t} = 0{,}5$.

6 Vergleich mit Realdaten

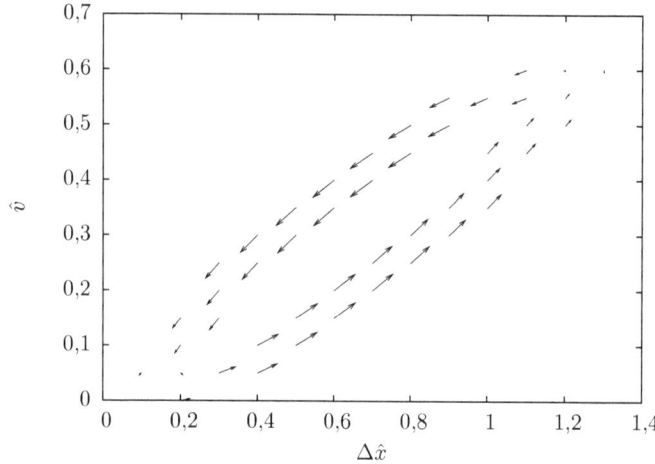

Abb. 6.6: Felddaten im Grenzzyklus. Ein Pfeil entspricht der durchschnittlichen Änderung der Position eines Fahrzeuges innerhalb von $\Delta \hat{t} = 0{,}5$.

Die Abbildungen 3.16 und 3.17 zeigen nicht das direkte Verhalten eines Fahrers, da der Fahrer nur seine eigene Geschwindigkeit beeinflussen kann. Hier kann man im Vergleich zu Abbildung 6.5 nur bei negativen Geschwindigkeitsdifferenzen eine Ähnlichkeit feststellen. Bei positiven Geschwindigkeitsdifferenzen ist keine Ähnlichkeit mehr vorhanden.

Man kann sicher geteilter Meinung sein, ob das OVM (so wie es hier behandelt wurde) gescheitert ist, immerhin beschreibt es typische Phänomene des Straßenverkehrs zumindest in einer qualitativen Weise. Allerdings ist die schlechte Repräsentation der Abhängigkeit von der Geschwindigkeitsdifferenz ein schwerwiegender Mangel. Dies liegt an der Definition der Kräfte, die auf das Auto einwirken. Diese Kräfte sind nur vom Abstand und der eigenen Geschwindigkeit abhängig. Eine explizite Abhängigkeit von der Geschwindigkeitsdifferenz fehlt. Korrelationen zwischen der Änderung der eigenen Geschwindigkeit und der Geschwindigkeitsdifferenz sind nur indirekt über die abhängigen Größen gegeben.

In Kapitel 5.2.2 wurde bereits gezeigt, dass sich Fahrzeuge nach dem OVM im Grenzzyklus nur zwischen zwei Punkten im Phasenraum hin und her bewegen. Das heißt, man würde zwei starke Erhöhungen in der Verteilungsfunktion sehen. Diese sieht man in den Daten überhaupt nicht (siehe Abbildungen 3.22 und 3.23). Andererseits wurde auch in Kapitel 6.1 erklärt, dass es sich bei den Daten um ein offenes System handelt und starke Einflüsse von außen das System stören. Diese Störungen können in der Tat dazu führen, dass eine eventuell starke Konzentration im Phasenraum gestört wird. Der TSP in Abbildung 3.9 zeigt Ansätze eines Grenzzyklus bei $t = 700$ s, da hier Fahrzeuge das Stop-and-Go-Verhalten zeigen, wie es typisch für einen Grenzzyklus ist. Eventuell muss hier die Verkehrsdichte noch höher sein. Insgesamt kann man also von der Verteilung im Phasenraum nicht auf die Gültigkeit des OVM schließen.

6.5 Vorschläge zur Verbesserung des Modells

Das OVM, wie es in dieser Arbeit behandelt wurde, kann Daten, wie sie das NGSIM-Projekt produziert, nicht reproduzieren. Grundsätzlich sind dafür zwei Mängel verantwortlich, die man in einem erweiterten Model beheben könnte.

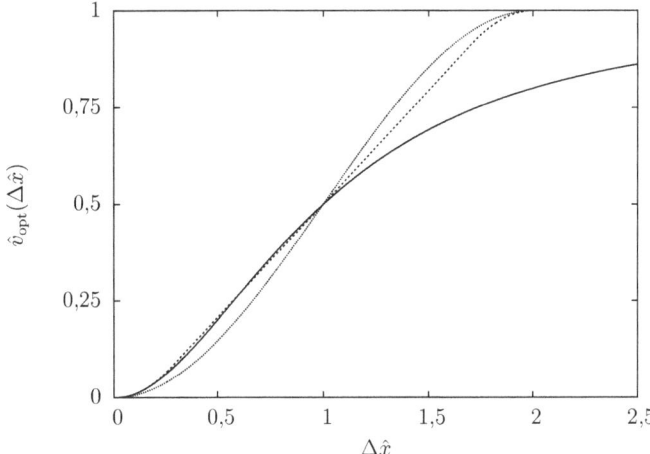

Abb. 6.7: Alternative optimale Geschwindigkeiten zur Verbesserung des Fundamentaldiagramms bei geringen Dichten: Originalfunktion (5.4) (durchgezogene Linie), Alternative (6.7) (gestrichelte Linie), Alternative (6.8) (gepunktete Linie)

Das lineare Verhalten des Fundamentaldiagramms im freien Verkehr wird nicht korrekt wiedergegeben. Hier könnte man die optimale Geschwindigkeitsfunktion so abändern, dass sie sich bei großen Abständen nicht asymptotisch v_{max} nähert, sondern ab einem bestimmten Punkt gleich v_{max} ist. Die Annahme, man könnte die Funktion komplett aus linearen und konstanten Bereichen zusammen setzen, hat sich allerdings als Irrtum erwiesen. Hierbei treten bereits bei sehr moderaten Dichten Kollisionen auf. Eine Phasenseparation tritt hier nicht auf. Der sigmoidale Charakter

6 Vergleich mit Realdaten

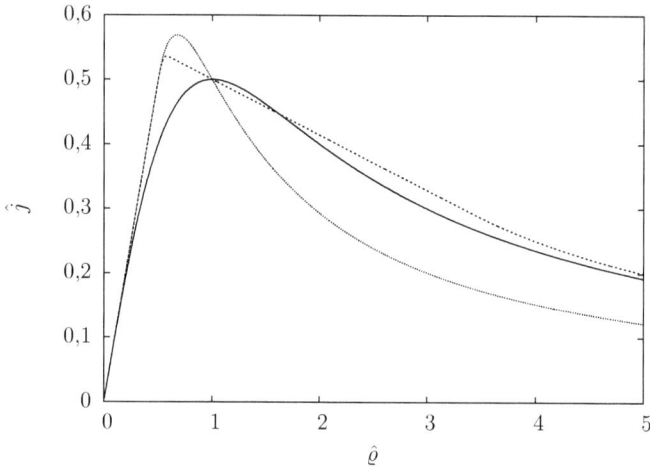

Abb. 6.8: Fundamentaldiagramme mit linearer Abhängigkeit bei geringen Dichten aus alternativen optimalen Geschwindigkeiten: Originalfunktion (5.4) (durchgezogene Linie), Alternative (6.7) (gestrichelte Linie), Alternative (6.8) (gepunktete Linie)

scheint bei der Funktion also nicht nur ein sinnvoller Ansatz, für das Funktionieren des Modells scheint er auch essentiell zu sein. Als Vorschläge könnte man hier

$$\hat{v}_{\text{opt},1}(\Delta\hat{x}) = \begin{cases} (\Delta\hat{x})^2 & x < 1 - \frac{1}{\sqrt{2}} \\ (2-\sqrt{2})(\Delta\hat{x}-1) + \frac{1}{2} & 1 - \frac{1}{\sqrt{2}} \leq x \leq 1 + \frac{1}{\sqrt{2}} \\ -(\Delta\hat{x}-2)^2 + 1 & 1 + \frac{1}{\sqrt{2}} < x \leq 2 \\ 1 & 2 < x \end{cases} \quad (6.7)$$

oder

$$\hat{v}_{\text{opt},2}(\Delta\hat{x}) = \begin{cases} \frac{1}{2} - \frac{1}{2}\cos\left(\frac{\pi}{2}\Delta\hat{x}\right) & x \leq 2 \\ 1 & 2 < x \end{cases} \quad (6.8)$$

anbringen. Aus diesen Funktionen (siehe Abbildung 6.7) kann man die homogene Phase des Fundamentaldiagramms berechnen (siehe Abbildung 6.8). Man kann gut erkennen, dass der gewünschte Effekt der Linearität bei geringen Dichten eingetreten ist. Bei hohen Dichten zeigt sich ein ähnliches Verhalten, wie bei der bisher verwendeten optimalen Geschwindigkeit. Wie genau das Phasendiagramm (analog zu Abbildung 5.8) für die beiden alternativen optimalen Geschwindigkeiten aussehen würde, ist unklar. Die Spinodale kann über die Stabilitätsanalyse in Kapitel 4.4 be-

6.5 Vorschläge zur Verbesserung des Modells

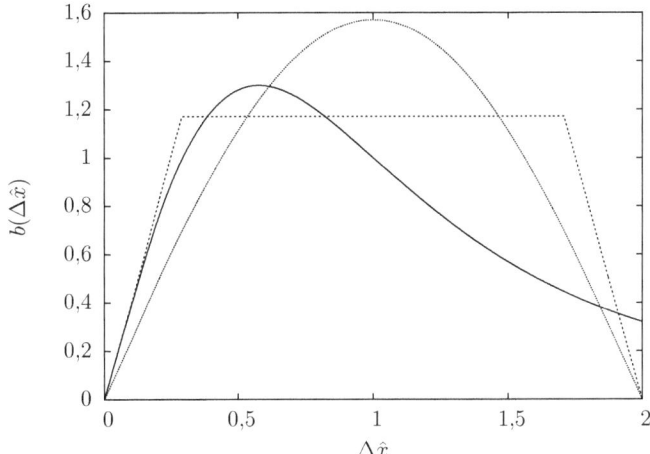

Abb. 6.9: Spinodale aus alternativen optimalen Geschwindigkeiten: Originalfunktion (5.4) (durchgezogene Linie), Alternative (6.7) (gestrichelte Linie), Alternative (6.8) (gepunktete Linie)

rechnet werden, für die Binodale müssten allerdings wieder aufwendige Rechnungen getätigt werden. Die Spinodalen sind in Abbildung 6.9 dargestellt.

Grundsätzlich ist die fehlende Abhängigkeit der Beschleunigung von der Geschwindigkeitsdifferenz ein Problem, dessen Behebung das OVM substanziell verbessern würde. Aus Abbildung 3.17 könnte man vielleicht sogar eine Vorschrift ableiten, wie dies zu realisieren sei. Allerdings würde dann die Kraft auf ein Teilchen im Modell nicht nur von der eigenen Geschwindigkeit, sondern auch von der Geschwindigkeit des voraus fahrenden Fahrzeugs abhängen. Eine Aufteilung in konservative und dissipative Kräfte wäre nicht mehr so einfach möglich. Die Vermutung liegt nahe, dass dieses Modell in weiten Teilen der Analyse nur noch numerisch zu behandeln wäre.

7 Zusammenfassung und Ausblick

Diese Arbeit unterteilt sich in vier Bereiche.

Im ersten Teil (Kapitel 2) wurde das mathematische Problem des Brownschen Teilchens im Doppelmuldenpotenzial ausführlich behandelt. Durch einen Parameter war es möglich, das Verhalten des Teilchens sowohl in den extremen Bereichen der ausgeprägten Einzel- und Doppelmulde als auch dazwischen zu untersuchen. Es zeigte sich, dass sich dieses Problem als eine Erweiterung des harmonischen Potenzials nicht mehr umfassend analytisch handhaben lässt. Deshalb wurden neben numerischen Methoden zur Berechnung von Eigenwerten und -funktionen, auch Näherungen verwendet, die das Problem in bestimmten Parameterbereichen gut beschreiben. Zur Überprüfung der numerischen Ergebnisse wurden Simulationen gemacht, die bewiesen, dass das mathematische Problem des Doppelmuldenpotenzials in dieser Form ausreichend gut handhabbar ist.

Im zweiten Teil (Kapitel 3) ging es um die Auswertung von Trajektoriendaten, die aus Videoaufnahmen gewonnen wurden. Aus Zeit-Weg-Abbildungen konnte man erkennen, dass Spurwechsel ein kritischer Punkt sind. Sie führen zum Dichteausgleich zwischen Spuren und können Verkehrsstörungen auslösen. Sehr kompliziert ist das Spurwechselverhalten speziell bei Auffahrtsspuren. Hier zeigt sich, dass Fahrzeuge im Straßenverkehr kooperieren. Wenn man dies bzw. den Spurwechsel allgemein durch eine Wechselwirkung beschreiben will, stößt man auch bei diesen sehr umfangreichen Datensätzen an Grenzen. Aus den von Spurwechseln weniger beeinflussten Spuren kann man Daten aggregieren und ein für die I-80 charakteristisches Fundamentaldiagramm erstellen, was einen guten Überblick über prinzipielles Verhalten im Straßenverkehr liefert. Aus Felddaten konnten erste Ideen für ein Fahrzeug-Folge-Verhalten erschlossen werden. Hier zeigte sich, dass die Geschwindigkeitsdifferenz eine wesentlich größere Rolle spielt als der Abstand zum Vordermann. Fitfunktionen der Verteilungen Abstand-Geschwindigkeit und Abstand-Geschwindigkeitsdifferenz zeigen, dass sich das Verhalten eines Fahrers stark mit der Situation auf der Straße ändert. Bei hohen Dichten sieht man ein anderes Verhalten als bei geringen Verkehrsdichten.

Im dritten Teil (Kapitel 4 und 5) wurde ein Modell zum Fahrzeug-Folge-Verhalten vorgestellt. Dieses Modell ist motiviert durch den Gedanken an Kräfte zwischen den Fahrzeugen. Mittels dieser Herangehensweise ist es möglich, das energetische Verhalten einer Verkehrssituation zu betrachten. Es zeigte sich, dass sich nach dem Zusammenbruch des homogenen Systems ein energetisch höher liegendes Gefüge stabilisiert. Diese überraschende Ergebnis ist wahrscheinlich dem Bruch des dritten Newtonschen Gesetzes geschuldet. Dies ist jedoch nötig, da ein Fahrer gewisslich stärker auf seinen Vorder- als auf seinen Hintermann reagiert. Auch die beschleunigende Reibung, die ein freies Fahrzeug auf seine Höchstgeschwindigkeit beschleunigen lässt und somit das gesamte System antreibt, kann den Effekt des erhöhten Energielevels verursachen.

Im vierten Teil (Kapitel 6) ging es um den schwierigen Vergleich der Trajektoriendaten mit dem vorgestellten Verkehrsmodell. Es zeigte sich, dass das Model, so wie es verwendet wurde, den Straßenverkehr nur in sehr begrenztem Umfang beschreiben kann. Der vermutlich schwerwiegendste Mangel am Modell ist wahrscheinlich die fehlende Abhängigkeit zur Geschwindigkeitsdifferenz zum Vordermann. Das Einbringen einer solchen Abhängigkeit ist wahrscheinlich durch die Betrachtungen in Kapitel 3 sehr fundiert möglich, allerdings ist abzusehen, dass die Komplexität des Modells stark zunehmen würde und eine analytische Betrachtung nur noch in einem engen Parameterraum möglich sein wird.

Es wurde bereits diskutiert, dass man das Modell der optimalen Geschwindigkeit verbessern könnte, um aus den Daten gewonnene Erkenntnisse zumindest prinzipiell besser wiedergeben zu können. Doch mit der Verbesserung des Modells treten die Idealisierungen des Versuchsaufbaus (siehe Kapitel 6.1) hervor. Das Problem der periodischen Randbedingungen könnte man mit der Simulation einer sehr langen Strecke mit offenen Enden beheben. Hier müsste man sich Strategien überlegen, wann und mit welcher Geschwindigkeit man die Fahrzeuge auf die Strecke setzt. Die größere Herausforderung ist aber das Ende der Strecke. Nähme man die Fahrzeuge einfach von der Strecke, würde das Fahrzeug direkt dahinter maximal beschleunigen. Das würde wahrscheinlich zu einer Kettenreaktion führen, die die Fahrzeuge sehr schnell werden lässt. In [24] wurde dieses Problem bereits in ähnlicher Form diskutiert.

Damit ist jedoch der weitreichende Einfluss der Spurwechsel noch nicht beachtet. Das bedeutet die Simulation mehrerer Spuren und die Einbindung von Vorschriften bzw. Strategien für Spurwechsel. Um diese fundiert zu realisieren, bedarf es mehr Daten. Aus den hier betrachteten Datensätzen ist kein Spurwechselalgorithmus abzuleiten (siehe dazu Kapitel 3.1). Für zukünftige Projekte, die Videomaterial erstellen und daraus Trajektorien ableiten, ist es wichtig, den beobachteten Bereich deutlich zu erhöhen. Für einen Fahrer muss es in diesem Bereich möglich sein, die Notwendigkeit für einen Spurwechsel zu erkennen und diesen auch durchzuführen. Hinzu kommt ein Bereich, in dem der restliche Verkehr auf diesen Spurwechsel reagieren kann. Das betrifft den Bereich vor dem eigentlichen Spurwechsel, was bei Auffahrtsspuren (absehbare Spurwechsel) wichtig ist und den Bereich nach dem Spurwechsel, was bei aggressiven Fahrern (überraschende Spurwechsel) wichtig ist.

Ein anderer Ansatz für ein Fahrzeug-Folge-Modell wäre ein Brownsches Teilchen in einem durch umliegende Teilchen gebildetes Potenzial (für einen Überblick über bestehende Modelle siehe [41, 33, 29, 32, 30, 28, 31]). Kapitel 2 zeigt das Verhalten am Beispiel eines bestimmten zeitunabhängigen Potenzials. In Abhängigkeit eines Parameters bildet sich eine Einfach- oder eine Doppelmulde aus, in denen sich das Teilchen dann bewegt. Je nach Tiefe der Doppelmulde kann das Teilchen mit großer oder weniger großer Wahrscheinlichkeit zwischen den Mulden wechseln. Um Straßenverkehr richtig zu beschreiben, wäre eine Analyse im Hinblick auf die Formulierung eines Potenzials nötig. Parameter, von denen das Potenzial dann abhängt, könnten lokaler Natur sein, wie der Abstand, die eigene und die Geschwindigkeit der umliegenden Fahrzeuge, aber auch globaler Natur sein, wie die Gesamtdichte auf einem Straßenabschnitt. Eine Erweiterung auf ein zweidimensionales Potenzial würden Einflüsse von Nachbarspuren und Spurwechsel ermöglichen. Der Parametersatz für ein solches Modell wäre umfangreich und notwendigerweise für jedes Fahrzeug individuell. Dies führt wiederum auf die Notwendigkeit von mehr Trajektoriendaten.

A Anhang

Numerische Methoden

Explicit Order 1.5 Strong Scheme

Bei stochastischen Differentialgleichungen der Form

$$\mathrm{d}y(t) = a(y(t))\mathrm{d}t + b(y(t))\mathrm{d}W(t) \tag{A.1}$$
$$y(t=0) = y_0 \tag{A.2}$$

wurde das explicit order 1.5 strong scheme verwendet.

$$\begin{aligned}
y(t+h) = {}& y(t) + b(y(t))\Delta W \\
& + \frac{1}{2\sqrt{h}}\left[a\bigl(\tilde{\Upsilon}_+(y(t))\bigr) - a\bigl(\tilde{\Upsilon}_-(y(t))\bigr)\right]\Delta Z \\
& + \frac{1}{4}\left[a\bigl(\tilde{\Upsilon}_+(y(t))\bigr) + 2a(y(t)) + a\bigl(\tilde{\Upsilon}_-(y(t))\bigr)\right]h \\
& + \frac{1}{4\sqrt{h}}\left[b\bigl(\tilde{\Upsilon}_+(y(t))\bigr) - b\bigl(\tilde{\Upsilon}_-(y(t))\bigr)\right]\left[(\Delta W)^2 - h\right] \\
& + \frac{1}{2h}\left[b\bigl(\tilde{\Upsilon}_+(y(t))\bigr) - 2b(y(t)) + b\bigl(\tilde{\Upsilon}_-(y(t))\bigr)\right] \\
& \quad \times (\Delta W h - \Delta Z) \\
& + \frac{1}{4h}\Bigl[b\bigl(\bar{\Phi}_+(y(t))\bigr) - b\bigl(\bar{\Phi}_-(y(t))\bigr) \\
& \qquad - b\bigl(\tilde{\Upsilon}_+(y(t))\bigr) + b\bigl(\tilde{\Upsilon}_-(y(t))\bigr)\Bigr] \\
& \quad \times \left[\frac{1}{3}(\Delta W)^2 - h\right]\Delta W
\end{aligned} \tag{A.3}$$

$$\tilde{\Upsilon}_\pm(y(t)) = y(t) + a(y(t))h \pm b(y(t))\sqrt{h} \tag{A.4}$$
$$\bar{\Phi}_\pm(y(t)) = \tilde{\Upsilon}_+(y(t)) \pm b\bigl(\tilde{\Upsilon}_+(y(t))\bigr)\sqrt{h} \tag{A.5}$$
$$\Delta W = U_1\sqrt{h} \tag{A.6}$$
$$\Delta Z = \frac{1}{2}h^{\frac{3}{2}}\left(U_1 + \frac{1}{\sqrt{3}}U_2\right) \tag{A.7}$$

Dabei sind U_1 und U_2 standard-normal verteilte Zufallszahlen. Eine genaue Herleitung kann man in [17] finden.

A Anhang

Numerov-Verfahren

Für das Lösen der zeitunabhängigen Schrödingergleichung

$$\frac{\partial^2}{\partial y^2}\psi(y) + (\lambda - V_\mathrm{S}(y))\,\psi(y) = 0 \tag{A.8}$$

wird das Numerov-Verfahren verwendet. Dies ermöglicht in guter Näherung die Berechnung von $\psi(y)$ auf einem äquidistanten Gitter mit der Gitterlänge h. Man kann zeigen, dass zwischen drei benachbarten Punkten auf dem Gitter die Beziehung

$$\left(1 + \frac{h^2}{12}w(y+h)\right)\psi(y+h) \tag{A.9}$$

$$-2\left(1 - \frac{5h^2}{12}w(y)\right)\psi(y) \tag{A.10}$$

$$+\left(1 + \frac{h^2}{12}w(y-h)\right)\psi(y-h) = \mathcal{O}(h^6) \approx 0 \tag{A.11}$$

$$w(y) = \lambda - V_\mathrm{S}(y) \tag{A.12}$$

gilt. Diese Gleichung lässt sich nach

$$\psi(y+h) = \frac{2\left(1 - \frac{5h^2}{12}w(y)\right)\psi(y) - \left(1 + \frac{h^2}{12}w(y-h)\right)\psi(y-h)}{1 + \frac{h^2}{12}w(y+h)} \tag{A.13}$$

umstellen. Wenn man sich zwei sinnvolle Startwerte vorgibt, kann man auf diese Weise die komplette Funktion ermitteln. Da das Potenzial symmetrisch ist, ergeben sich die Startwerte relativ einfach aus der Forderung nach Symmetrie bzw. Antisymmetrie. Ohne auf die Normierung zu achten kann man $\psi(0) = 1$ und $\psi(h) = 1$ für eine gerade (symmetrische) Funktion sowie $\psi(0) = 0$ und $\psi(h) = h$ für eine ungerade (antisymmetrische) Funktion setzen. Siehe dazu auch [55].

Artillerie-Methode

Bei der Erklärung des Numerov-Verfahrens wurde bewusst nicht der Begriff der *Eigenfunktion* verwendet, da wir nur von einer Eigenfunktion sprechen wollen, wenn sie die Forderung nach der Normierbarkeit erfüllt. Der dazugehörige Wert λ soll dann Eigenwert genannt werden.

Um die Numerov-Methode anzuwenden, muss jedoch ein bestimmter Wert für λ vorgegeben werden. Allerdings ist bisher nicht bekannt, welche Werte die Richtigen sind. Die Forderung nach der Normierbarkeit führt dazu, dass die Eigenfunktionen im Unendlichen verschwinden müssen. Nur wenn der richtige Wert für λ sehr präzise gewählt wird, konvergiert die Methode.

Sind die Eigenwerte sehr gut separiert, lassen sich diese auf einfache Weise finden. Wählt man sich zwei Werte λ' und $\lambda' + \Delta\lambda$ und die Funktion $\psi(y)$ divergiert einmal

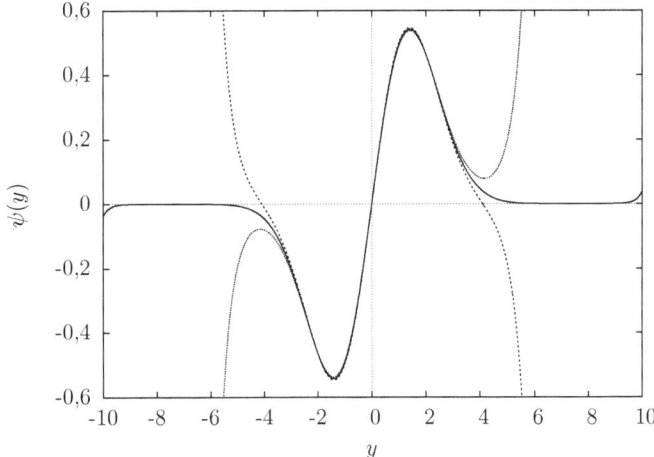

Abb. A.1: Dargestellt sind die nach der Numerov-Methode berechneten Funktionen bei $\lambda = 1{,}01$ (gestrichelten Linie), $\lambda = 0{,}99$ (gepunktete Linie) und $\lambda = 1$ (durchgezogene Linie). Der analytisch berechnete Eigenwert liegt bei $\lambda = 1$. Hat man einen falschen Wert λ eingefügt, divergiert die Funktion $\psi(y)$. Hat man einen Eigenwert gefunden, konvergiert die Funktion und man hat eine Eigenfunktion gefunden. Dass auch die Eigenfunktion divergiert, liegt an der numerischen Methode.

in positive und einmal in negative Richtung, kann man davon ausgehen, dass es einen Eigenwert λ mit $\lambda' < \lambda < \lambda' + \Delta\lambda$ gibt.

Auf diese Art und Weise kann man die Eigenwerte nach und nach einschränken und somit beliebig genau bestimmen. In Abbildung A.1 wird dies illustriert.

Numerische Integration

Bisher sind die gefundenen Eigenfunktionen nicht normiert. Dafür ist es nötig, die Funktionen zu integrieren. Wenn eine Funktion $f(x)$ im Intervall $[x_1, x_N]$ integriert werden soll, wird immer die Funktion

$$\int_{x_1}^{x_N} f(x)\mathrm{d}x = h\left(\frac{3}{8}f(x_1) + \frac{7}{6}f(x_2) + \frac{23}{24}f(x_3) + f(x_4) + f(x_5) + \cdots \right.$$
$$\left. + f(x_{N-4}) + f(x_{N-3}) + \frac{23}{24}f(x_{N-2}) + \frac{7}{6}f(x_{N-1}) + \frac{3}{8}f(x_N)\right) + \mathcal{O}\left(\frac{1}{N^4}\right) \quad \text{(A.14)}$$

A Anhang

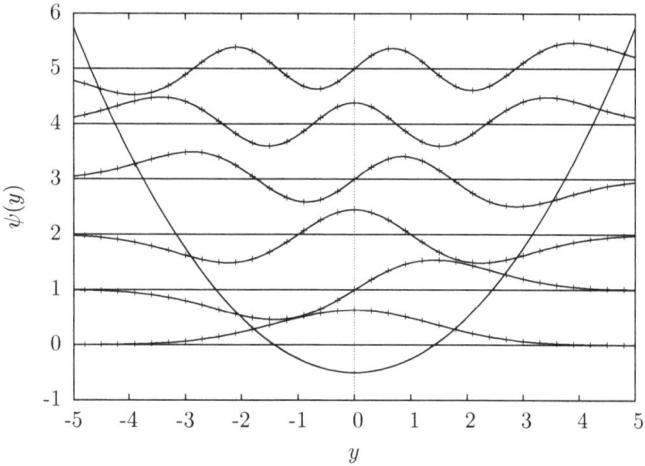

Abb. A.2: Dargestellt ist das Schrödinger-Potenzial bei linearer Kraft inklusive der ersten sechs Eigenwerte. Auf Höhe jeden Eigenwertes ist die zugehörige Eigenfunktion analytisch (Linie) und numerisch (Kreuze) dargestellt.

als Näherung verwendet. Dabei soll $x_{i+1} - x_i = h$ und $(N-1)h = x_N - x_1$ gelten. Auf eine genaue Herleitung soll hier verzichtet werden, da sie in [45] sehr gut beschrieben wird.

Test bei linearer Kraft

Bei linearer Kraft ($\beta = 0$) ist das Problem in geschlossener Form analytisch lösbar. Dieser Umstand bietet die Möglichkeit, das Numerov-Verfahren, die Artillerie-Methode und die numerische Integration zu testen. Wie man in Abbildung A.2 sieht, funktioniert die Methode sehr gut.

Das Runge-Kutta-Verfahren

Für das Lösen von gewöhnlichen Differentialgleichungen der Form

$$\frac{\mathrm{d}y(x)}{\mathrm{d}x} = f(x, y) \quad (A.15)$$

$$y(x_0) = y_0 \quad (A.16)$$

wurde das klassische Runge-Kutta-Verfahren (nach Carl Runge und Martin Wilhelm Kutta) verwendet. Die Herleitung ist in [45] zu finden und soll hier nicht weiter

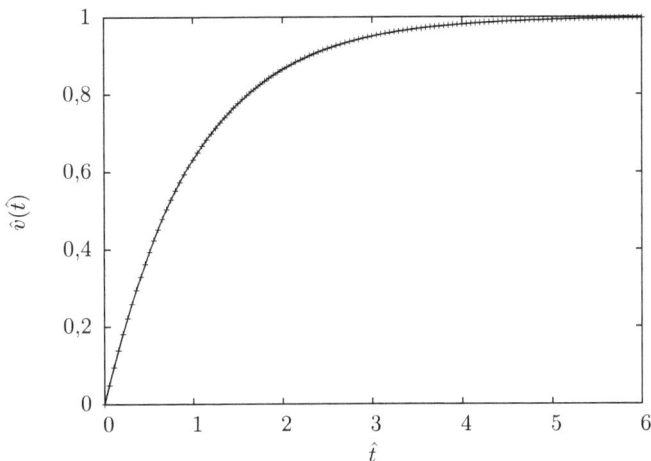

Abb. A.3: Geschwindigkeit eines freien Fahrzeugs nach Start aus $\hat{v} = 0$ (Punkte: Simulation, Linie: $\hat{v}\left(\hat{t}\right) = 1 - \exp\left(-\hat{t}\right)$).

beleuchtet werden. Die Berechnung eines Punktes $y(x + h)$ ausgehend von einem bekannten Punkt $y(x)$ wird dabei durch

$$y(x+h) = y(x) + \frac{1}{6}h\left(f_1(x,y) + 2f_2(x,y) + 2f_3(x,y) + f_4(x,y)\right) \quad (A.17)$$

$$f_1(x,y) = f(x,y) \quad (A.18)$$

$$f_2(x,y) = f\left(x + \frac{h}{2}, y + \frac{h}{2}f_1(x,y)\right) \quad (A.19)$$

$$f_3(x,y) = f\left(x + \frac{h}{2}, y + \frac{h}{2}f_2(x,y)\right) \quad (A.20)$$

$$f_4(x,y) = f(x+h, y+hf_3(x,y)) \quad (A.21)$$

approximiert. Falls $f(x,y) = f(x)$ gilt, vereinfachen sich die Gleichungen zu

$$y(x+h) = y(x) + \frac{1}{6}h\left(f_1(x) + 4f_2(x) + f_3(x)\right) \quad (A.22)$$

$$f_1(x) = f(x) \quad (A.23)$$

$$f_2(x) = f\left(x + \frac{h}{2}\right) \quad (A.24)$$

$$f_3(x) = f(x+h) \quad . \quad (A.25)$$

A Anhang

Angewendet auf das in Abschnitt 5 untersuchte Modell bei N Fahrzeugen lässt sich das wie folgt übersetzen.

$$\frac{\mathrm{d}}{\mathrm{d}t}\vec{y}(t) = \vec{f}(\vec{y}(t)) \tag{A.26}$$

$$\frac{\mathrm{d}}{\mathrm{d}t}\begin{pmatrix} x_1 \\ \vdots \\ x_N \\ v_1 \\ \vdots \\ v_N \end{pmatrix} = \begin{pmatrix} v_1 \\ \vdots \\ v_N \\ b\left[\frac{(x_2-x_1)^2}{1+(x_2-x_1)^2} - v_1\right] \\ \vdots \\ b\left[\frac{(x_1-x_N)^2}{1+(x_1-x_N)^2} - v_N\right] \end{pmatrix} \tag{A.27}$$

$$\vec{y}(t=0) = \begin{pmatrix} x_{1,0} \\ \vdots \\ x_{N,0} \\ v_{1,0} \\ \vdots \\ v_{N,0} \end{pmatrix} \tag{A.28}$$

$$\vec{y}(t+h) = \vec{y}(t) + \frac{1}{6}h\left(\vec{f}_1(\vec{y}(t)) + 2\vec{f}_2(\vec{y}(t)) + 2\vec{f}_3(\vec{y}(t)) + \vec{f}_4(\vec{y}(t))\right) \tag{A.29}$$

$$\vec{f}_1(\vec{y}(t)) = \vec{f}(\vec{y}(t)) \tag{A.30}$$

$$\vec{f}_2(\vec{y}(t)) = \vec{f}\left(\vec{y}(t) + \frac{h}{2}\vec{f}_1(\vec{y}(t))\right) \tag{A.31}$$

$$\vec{f}_3(\vec{y}(t)) = \vec{f}\left(\vec{y}(t) + \frac{h}{2}\vec{f}_2(\vec{y}(t))\right) \tag{A.32}$$

$$\vec{f}_4(\vec{y}(t)) = \vec{f}\left(\vec{y}(t) + h\vec{f}_3(\vec{y}(t))\right) \tag{A.33}$$

Der Testfall eines (annähernd) freien Fahrzeugs ist in Abbildung A.3 dargestellt.

Ausschnitt aus den Datensätzen

Auf den folgenden Seiten sind Ausschnitte aus den Datensätzen D1, D2, D3 und D4 dargestellt. Dabei repräsentieren drei Zeilen in den Tabellen zusammen jeweils eine Zeile in den Datensätzen. Die Bedeutung der Spalten ist wie folgt. Genauere Informationen findet man unter [43].

Spalte	Bedeutung
1	Fahrzeug-Identifikationsnummer
2	zeitliche Länge der jeweiligen Trajektorie in $\frac{1}{15}$ s
3	relativer Zeitpunkt in $\frac{1}{15}$ s
4	lokale Position senkrecht zur Fahrtrichtung in feet
5	lokale Position in Fahrtrichtung in feet
6	globale Position senkrecht zur Fahrtrichtung in feet
7	globale Position in Fahrtrichtung in feet
8	globaler Zeitpunkt in 10^{-3} s
9	Länge des Fahrzeugs in feet
10	Breite des Fahrzeugs in feet
11	Fahrzeugklasse
12	Fahrzeuggeschwindigkeit in $\frac{feet}{s}$
13	Fahrzeugbeschleunigung in $\frac{feet}{s^2}$
14	Spurnummer
15	Fahrzeug-Identifikationsnummer des voraus fahrenden Fahrzeugs der selben Spur (0 falls kein Auto im Datensatz vorhanden)
16	Fahrzeug-Identifikationsnummer des folgenden Fahrzeugs der selben Spur (0 falls kein Auto im Datensatz vorhanden)

Tab. A.1: Spaltenzuordnung der Tabelle A.3

A Anhang

Spalte	Bedeutung
1	Fahrzeug-Identifikationsnummer
2	relativer Zeitpunkt in $\frac{1}{10}$ s
3	zeitliche Länge der jeweiligen Trajektorie in $\frac{1}{10}$ s
4	globaler Zeitpunkt in 10^{-3} s
5	lokale Position senkrecht zur Fahrtrichtung in feet
6	lokale Position in Fahrtrichtung in feet
7	globale Position senkrecht zur Fahrtrichtung in feet
8	globale Position in Fahrtrichtung in feet
9	Länge des Fahrzeugs in feet
10	Breite des Fahrzeugs in feet
11	Fahrzeugklasse (1: Motorrad, 2: PKW, 3: LKW)
12	Fahrzeuggeschwindigkeit in $\frac{feet}{s}$
13	Fahrzeugbeschlaunigung in $\frac{feet}{s^2}$
14	Spurnummer
15	Fahrzeug-Identifikationsnummer des vorraus fahrenden Fahrzeugs der selben Spur (0 falls kein Auto im Datensatz vorhanden)
16	Fahrzeug-Identifikationsnummer des folgenden Fahrzeugs der selben Spur (0 falls kein Auto im Datensatz vorhanden)
17	örtlicher Abstand zum vorraus fahrenden Fahrzeug (Abstand der vorderen Stoßstangen) in feet
18	zeitlicher Abstand zum vorraus fahrenden Fahrzeug (benötigte Zeit für die Strecke aus Spalte 18 bei der Geschwindigkeit aus Spalte 12) in s

Tab. A.2: Spaltenzuordnung der Tabellen A.4, A.5 und A.6

4709	424	-14	41,06	104,21	6042894,61	↩
2132879,58	1070490899067	22,0	9,8	Auto	87,20	↩
0,00	4	0	0			
4709	424	-13	41,48	110,03	6042894,32	↩
2132885,41	1070490899133	22,0	9,8	Auto	87,20	↩
0,00	4	0	0			
4709	424	-12	41,91	115,84	6042894,05	↩
2132891,23	1070490899200	22,0	9,8	Auto	87,20	↩
0,00	4	0	0			
⋮	⋮	⋮	⋮	⋮	⋮	↩
⋮	⋮	⋮	⋮	⋮	⋮	↩
⋮	⋮	⋮	⋮			
2395	569	15416	2,83	2925,11	6042453,23	↩
2135666,59	1070491927733	16,4	7,9	Auto	50,54	↩
0,00	1	0	2389			
2395	569	15417	2,86	2928,48	6042452,73	↩
2135669,92	1070491927800	16,4	7,9	Auto	50,54	↩
0,00	1	0	2389			
2398	548	14851	63,59	27,55	6042926,57	↩
2132806,64	1070491890067	14,8	5,6	Auto	94,16	↩
0,00	6	2156	0			
2398	548	14852	63,58	33,83	6042925,76	↩
2132812,87	1070491890133	14,8	5,6	Auto	94,16	↩
0,00	6	2156	0			
⋮	⋮	⋮	⋮	⋮	⋮	↩
⋮	⋮	⋮	⋮	⋮	⋮	↩
⋮	⋮	⋮	⋮			
4095	559	26994	72,95	2138,92	6042640,61	↩
2134900,31	1070492699600	15,7	9,2	Auto	49,04	↩
0,00	6	3935	0			
4095	559	26995	72,95	2142,19	6042640,10	↩
2134903,54	1070492699667	15,7	9,2	Auto	49,04	↩
0,00	6	3935	0			
4095	559	26996	73,40	2145,45	6042640,03	↩
2134906,83	1070492699733	15,7	9,2	Auto	49,04	↩
0,00	8	0	0			

Tab. A.3: Ausschnitt aus Datensatz D1

1	12	884	1113433136100	16,884	48,213	↵
6042842,116	2133117,662	14,3	6,4	2	12,50	↵
0,00	2	0	0	0,00	0,00	
1	13	884	1113433136200	16,938	49,463	↵
6042842,012	2133118,909	14,3	6,4	2	12,50	↵
0,00	2	0	0	0,00	0,00	
1	14	884	1113433136300	16,991	50,712	↵
6042841,908	2133120,155	14,3	6,4	2	12,50	↵
0,00	2	0	0	0,00	0,00	
⋮	⋮	⋮	⋮	⋮	⋮	↵
⋮	⋮	⋮	⋮	⋮	⋮	↵
			⋮			
1758	5895	635	1113433724400	66,085	1638,098	↵
6042667,618	2134699,962	17,3	6,4	2	26,13	↵
0,00	6	0	1757	0,00	0,00	
1758	5896	635	1113433724500	66,103	1640,598	↵
6042667,239	2134702,433	17,3	6,4	2	26,13	↵
0,00	6	0	1757	0,00	0,00	
1759	5175	748	1113433652400	87,299	333,330	↵
6042877,049	2133409,283	14,4	5,9	2	31,16	↵
0,00	7	1750	0	53,15	1,71	
1759	5176	748	1113433652500	87,302	336,829	↵
6042876,620	2133412,756	14,4	5,9	2	31,16	↵
0,00	7	1750	0	52,76	1,69	
⋮	⋮	⋮	⋮	⋮	⋮	↵
⋮	⋮	⋮	⋮	⋮	⋮	↵
			⋮			
3366	3227	291	1113433457600	3,788	1632,516	↵
6042606,994	2134684,573	16,8	6,9	2	62,22	↵
0,00	1	0	978	0,00	0,00	
3366	3228	291	1113433457700	3,829	1638,516	↵
6042606,083	2134690,504	16,8	6,9	2	62,22	↵
0,00	1	0	978	0,00	0,00	
3366	3229	291	1113433457800	3,873	1644,511	↵
6042605,172	2134696,434	16,8	6,9	2	62,22	↵
0,00	1	0	978	0,00	0,00	

Tab. A.4: Ausschnitt aus Datensatz D2

284	63	526	1113436773200	41,375	66,469	↵
6042864,125	2133138,844	15,4	5,9	2	44,55	↵
0,00	4	0	0	0,00	0,00	
284	64	526	1113436773300	41,375	71,069	↵
6042863,571	2133143,309	15,4	5,9	2	44,55	↵
0,00	4	0	0	0,00	0,00	
284	65	526	1113436773400	41,374	75,570	↵
6042863,016	2133147,775	15,4	5,9	2	44,55	↵
0,00	4	0	0	0,00	0,00	
⋮	⋮	⋮	⋮	⋮	⋮	↵
1643	5918	936	1113437358700	45,815	1638,229	↵
6042647,583	2134696,878	15,8	6,9	2	12,30	↵
0,00	4	0	1650	0,00	0,00	
1643	5919	936	1113437358800	45,828	1640,230	↵
6042647,279	2134698,855	15,8	6,9	2	12,30	↵
0,00	4	0	1650	0,00	0,00	
1644	4983	860	1113437265200	29,140	50,182	↵
6042854,028	2133121,152	13,9	5,8	2	32,19	↵
0,00	3	1624	0	79,49	2,47	
1644	4984	860	1113437265300	29,148	53,381	↵
6042853,635	2133124,327	13,9	5,8	2	32,19	↵
0,00	3	1624	0	79,42	2,47	
⋮	⋮	⋮	⋮	⋮	⋮	↵
2872	7021	290	1113437469000	11,340	1681,181	↵
6042606,689	2134733,825	5,9	3,6	1	47,64	↵
0,00	1	0	2079	0,00	0,00	
2872	7022	290	1113437469100	11,423	1685,988	↵
6042606,003	2134738,584	5,9	3,6	1	47,64	↵
0,00	1	0	2079	0,00	0,00	
2872	7023	290	1113437469200	11,582	1690,001	↵
6042605,520	2134742,571	5,9	3,6	1	47,64	↵
0,00	1	0	2079	0,00	0,00	

Tab. A.5: Ausschnitt aus Datensatz D3

3	613	1153	1113437626200	28,369	63,998	↵
6042851,531	2133134,762	12,8	6,8	2	8,86	↵
0,00	3	9	0	21,17	2,39	
3	614	1153	1113437626300	28,370	64,498	↵
6042851,469	2133135,258	12,8	6,8	2	8,86	↵
0,00	3	9	0	21,59	2,44	
3	615	1153	1113437626400	28,372	65,497	↵
6042851,346	2133136,250	12,8	6,8	2	8,86	↵
0,00	3	9	0	21,51	2,43	
⋮	⋮	⋮	⋮	⋮	⋮	↵
⋮	⋮	⋮	⋮	⋮	⋮	↵
⋮	⋮	⋮	⋮			
1564	6372	439	1113438202100	2,780	1635,524	↵
6042605,522	2134687,383	14,8	6,9	2	40,21	↵
0,00	1	0	1569	0,00	0,00	
1564	6373	439	1113438202200	2,811	1640,024	↵
6042604,839	2134691,831	14,8	6,9	2	40,21	↵
0,00	1	0	1569	0,00	0,00	
1565	5678	1729	1113438132700	53,367	63,442	↵
6042876,402	2133137,344	13,3	6,8	2	25,43	↵
0,00	5	1611	0	60,10	2,36	
1565	5679	1729	1113438132800	53,373	65,942	↵
6042876,094	2133139,825	13,3	6,8	2	25,43	↵
0,00	5	1611	0	60,13	2,36	
⋮	⋮	⋮	⋮	⋮	⋮	↵
⋮	⋮	⋮	⋮	⋮	⋮	↵
⋮	⋮	⋮	⋮			
3011	10206	1203	1113438585500	64,277	1631,602	↵
6042666,862	2134693,262	16,3	6,9	2	37,76	↵
0,00	6	0	2377	0,00	0,00	
3011	10207	1203	1113438585600	64,301	1635,103	↵
6042666,331	2134696,722	16,3	6,9	2	37,76	↵
0,00	6	0	2377	0,00	0,00	
3011	10208	1203	1113438585700	64,329	1639,103	↵
6042665,724	2134700,676	16,3	6,9	2	37,76	↵
0,00	6	0	2377	0,00	0,00	

Tab. A.6: Ausschnitt aus Datensatz D4

Wertetabellen

Eigenwerte des Doppelmuldenpotenzials

n	$\alpha = 10$	$\alpha = 0$	$\alpha = -12$
0	0	0	0
1	10,2841775	1,3685925	0
2	21,1117409	4,4539436	11,7391201568
3	32,4301218	8,2596937	22,9255205429
4	44,2106308	12,7586178	22,925638201
5	56,4138294	17,8577023	22,9257558662
6	69,0266736	23,4953176	33,4970566639
7	82,0151903	29,6214175	43,32681888
8	95,3763076	36,2036899	43,34886001
9	109,0779709	43,2080147	43,37113941
10	123,1244623	50,6157433	52,31282932
11	137,4838481	58,3998704	59,29147093
12	152,1663711	66,5500488	60,00459818
13	167,1391949	75,0426571	60,99449214
14	182,4177078	83,8732002	66,55636005
15	197,9675356	93,0195366	70,63532595
16	213,8087041	102,481742	74,07274365
17	229,9048807	112,2380567	78,35548364

Tab. A.7: Die ersten 23 Eigenwerte für verschiedene Parameter α

A Anhang

Fitparameter zu Kapitel 3.4 und 3.5

Abbildung 3.26 links	Abbildung 3.26 rechts
$a = (5{,}56 \pm 0{,}16)\ \frac{\mathrm{m}}{\mathrm{s}}$	$a = 3{,}76 \pm 0{,}05\ \frac{\mathrm{m}}{\mathrm{s}}$
$v_0 = (18{,}09 \pm 0{,}24)\ \frac{\mathrm{m}}{\mathrm{s}}$	$v_0 = -0{,}91 \pm 0{,}07\ \frac{\mathrm{m}}{\mathrm{s}}$
Abbildung 3.24 links	**Abbildung 3.24 rechts**
$a_0 = (6{,}53 \pm 0{,}26)\ \frac{\mathrm{m}}{\mathrm{s}}$	$a_0 = (1{,}11 \pm 0{,}23)\ \frac{\mathrm{m}}{\mathrm{s}}$
$a_1 = (-0{,}041 \pm 0{,}018)\ \frac{1}{\mathrm{s}}$	$a_1 = (0{,}44 \pm 0{,}07)\ \frac{1}{\mathrm{s}}$
$a_2 = (5 \pm 4) \cdot 10^{-4}\ \frac{1}{\mathrm{ms}}$	$a_2 = (-0{,}024 \pm 0{,}006)\ \frac{1}{\mathrm{ms}^2}$
$a_3 = (-2{,}4 \pm 2{,}7) \cdot 10^{-6}\ \frac{1}{\mathrm{m}^2\mathrm{s}}$	$a_3 = (6{,}4 \pm 1{,}6) \cdot 10^{-4}\ \frac{1}{\mathrm{m}^2\mathrm{s}^2}$
$a_4 = (3 \pm 7) \cdot 10^{-9}\ \frac{1}{\mathrm{m}^3\mathrm{s}}$	$a_4 = (-6{,}0 \pm 1{,}6) \cdot 10^{-6}\ \frac{1}{\mathrm{m}^3\mathrm{s}^2}$
Abbildung 3.25 links	**Abbildung 3.25 rechts**
$v_{0,0} = (13{,}6 \pm 0{,}4)\ \frac{\mathrm{m}}{\mathrm{s}}$	$v_{0,0} = (-2{,}0 \pm 0{,}5)\ \frac{\mathrm{m}}{\mathrm{s}}$
$v_{0,1} = (0{,}187 \pm 0{,}028)\ \frac{1}{\mathrm{s}}$	$v_{0,1} = (0{,}04 \pm 0{,}12)\ \frac{1}{\mathrm{s}}$
$v_{0,2} = (-2{,}1 \pm 0{,}6) \cdot 10^{-3}\ \frac{1}{\mathrm{ms}}$	$v_{0,2} = (0{,}017 \pm 0{,}010)\ \frac{1}{\mathrm{ms}}$
$v_{0,3} = (9 \pm 5) \cdot 10^{-6}\ \frac{1}{\mathrm{m}^2\mathrm{s}}$	$v_{0,3} = (-7{,}0 \pm 2{,}8) \cdot 10^{-4}\ \frac{1}{\mathrm{m}^2\mathrm{s}}$
$v_{0,4} = (-1{,}4 \pm 1{,}1) \cdot 10^{-8}\ \frac{1}{\mathrm{m}^3\mathrm{s}}$	$v_{0,4} = (7{,}5 \pm 2{,}8) \cdot 10^{-6}\ \frac{1}{\mathrm{m}^3\mathrm{s}}$
Abbildung 3.27 links	**Abbildung 3.27 rechts**
$\sigma = 0{,}732 \pm 0{,}010$	$\sigma = 0{,}742 \pm 0{,}020$
$\mu = 3{,}627 \pm 0{,}012$	$\mu = 2{,}331 \pm 0{,}023$
Abbildung 3.36 links	**Abbildung 3.36 rechts**
$a = (2{,}30 \pm 0{,}05)\ \frac{\mathrm{m}}{\mathrm{s}}$	$a = (1{,}109 \pm 0{,}015)\ \frac{\mathrm{m}}{\mathrm{s}}$
$\Delta v_0 = (-0{,}30 \pm 0{,}06)\ \frac{\mathrm{m}}{\mathrm{s}}$	$\Delta v_0 = (0{,}056 \pm 0{,}022)\ \frac{\mathrm{m}}{\mathrm{s}}$
Abbildung 3.34 links	**Abbildung 3.34 rechts**
$a_0 = (1{,}35 \pm 0{,}16)\ \frac{\mathrm{m}}{\mathrm{s}}$	$a_0 = (0{,}70 \pm 0{,}04)\ \frac{\mathrm{m}}{\mathrm{s}}$
$a_1 = (0{,}009 \pm 0{,}012)\ \frac{1}{\mathrm{s}}$	$a_1 = (0{,}054 \pm 0{,}010)\ \frac{1}{\mathrm{s}}$
$a_2 = (7{,}5 \pm 2{,}3) \cdot 10^{-4}\ \frac{1}{\mathrm{ms}^2}$	$a_2 = (-9 \pm 8) \cdot 10^{-4}\ \frac{1}{\mathrm{ms}^2}$
$a_3 = (-7{,}3 \pm 1{,}7) \cdot 10^{-6}\ \frac{1}{\mathrm{m}^2\mathrm{s}^2}$	$a_3 = (2{,}1 \pm 2{,}4) \cdot 10^{-5}\ \frac{1}{\mathrm{m}^2\mathrm{s}^2}$
$a_4 = (2{,}0 \pm 0{,}5) \cdot 10^{-8}\ \frac{1}{\mathrm{m}^3\mathrm{s}^2}$	$a_4 = (-2{,}3 \pm 2{,}3) \cdot 10^{-7}\ \frac{1}{\mathrm{m}^3\mathrm{s}^2}$
Abbildung 3.35 links	**Abbildung 3.35 rechts**
$\Delta v_{0,0} = (0{,}03 \pm 0{,}15)\ \frac{\mathrm{m}}{\mathrm{s}}$	$\Delta v_{0,0} = (0{,}000 \pm 0{,}022)\ \frac{\mathrm{m}}{\mathrm{s}}$
$\Delta v_{0,1} = (0{,}005 \pm 0{,}011)\ \frac{1}{\mathrm{s}}$	$\Delta v_{0,1} = (0{,}011 \pm 0{,}007)\ \frac{1}{\mathrm{s}}$
$\Delta v_{0,2} = (-6{,}2 \pm 2{,}1) \cdot 10^{-4}\ \frac{1}{\mathrm{ms}}$	$\Delta v_{0,2} = (-7 \pm 5) \cdot 10^{-4}\ \frac{1}{\mathrm{ms}}$
$\Delta v_{0,3} = (5{,}5 \pm 1{,}6) \cdot 10^{-6}\ \frac{1}{\mathrm{m}^2\mathrm{s}}$	$\Delta v_{0,3} = (1{,}7 \pm 1{,}5) \cdot 10^{-5}\ \frac{1}{\mathrm{m}^2\mathrm{s}}$
$\Delta v_{0,4} = (-1{,}4 \pm 0{,}4) \cdot 10^{-8}\ \frac{1}{\mathrm{m}^3\mathrm{s}}$	$\Delta v_{0,4} = (-1{,}3 \pm 1{,}5) \cdot 10^{-7}\ \frac{1}{\mathrm{m}^3\mathrm{s}}$

Fitparameter zu Kapitel 6.3

In Abbildung 6.2 sind links die Fitfunktionen

$$j_{\text{lin, 1}}(\varrho) = a\varrho \tag{A.34}$$
$$j_{\text{lin, 2}}(\varrho) = b\varrho + c \tag{A.35}$$

und rechts

$$j_{\text{lin, 1}}(\varrho) = a\varrho \tag{A.36}$$
$$j_{\text{quad}}(\varrho) = d\varrho^2 + e\varrho + f \tag{A.37}$$

dargestellt. Die Fitparameter lauten

$$a = (92{,}95 \pm 0{,}06)\,\frac{\text{km}}{\text{h}} \tag{A.38}$$
$$b = (-5{,}927 \pm 0{,}024)\,\frac{\text{km}}{\text{h}} \tag{A.39}$$
$$c = (2144{,}3 \pm 2{,}0)\,\frac{1}{\text{h}} \tag{A.40}$$
$$d = (-0{,}0378 \pm 0{,}0005)\,\frac{\text{km}^2}{\text{h}} \tag{A.41}$$
$$e = (0{,}77 \pm 0{,}09)\,\frac{\text{km}}{\text{h}} \tag{A.42}$$
$$f = (1901 \pm 4)\,\frac{1}{\text{h}}\quad. \tag{A.43}$$

A Anhang

Das Programm ovm.exe

Das Programm löst die $2N$-dimensionale Differentialgleichung mit den in Kapitel A auf Seite 112 vorgestellten mathematischen Mitteln. Bei der Analyse des OVM war es nötig, das Programm ovm.exe um Funktionen zu erweitern, die über die reine Numerik hinaus gehen. Ausgewählte Beispiele für solche Funktionen sollen hier erläutert werden.

Änderung der Dichte bei konstanter Fahrzeugzahl

Ein Problem bestand darin, Anfangsbedingungen zu konstruieren. Das Ziel war es, in der Clusterlösung zu starten und zu beobachten, ob sich das System aus dieser Lösung entfernt oder dort bleibt. Bei der Konstruktion wurde wie folgt vorgegangen. Nach Erreichen einer stabilen Clusterlösung bei einer bestimmten Fahrbahnlänge wurde die Endkonfiguration gespeichert. Darin waren alle Abstände, Positionen und Geschwindigkeiten enthalten. Wenn man eine Clusterkonfiguration bei einer längeren Fahrbahn konstruieren will, entfernt man das langsamste Auto aus dem System und dupliziert das schnellste Fahrzeug. Anschließend werden aus den Abständen die Positionen der Fahrzeuge berechnet. Dabei wird die Strecke länger, da das schnellste Fahrzeug mehr Platz zum Vordermann hat als das langsamste. Die Summe der Abstände ist die Länge der Strecke und somit entsteht eine längere Fahrbahn. Wenn man die Strecke verkürzen will, geht man den umgekehrten Weg und entfernt das schnellste Fahrzeug und dupliziert das langsamste.

Erhöhung der Fahrzeugzahl bei konstanter Dichte

Es wird eine Rechnung mit einer moderaten Anzahl von Fahrzeugen gestartet. Diese Rechnung wird bis zu einer stabilen Situation vollzogen. In diesem Fall sollte sich ein Cluster herausgebildet haben. Dabei gibt es jedoch meist das Problem, dass die zwei Phasen nicht gut voneinander getrennt sind. Dies sieht man daran, dass es wenige Fahrzeuge gibt, die den gleichen Punkt im Phasenraum besetzen. Die Grenzwerte im Grenzzyklus sind nicht ausreichend stark besetzt. Man kann auch sagen, dass sich ein Fahrzeug nicht lange genug auf den Grenzwerten des Grenzzyklusses befindet. Die Lösung des Problems ist, mehr Fahrzeuge zu berechnen. Allerdings stößt da die Rechenleistung an Grenzen. Es ist nicht möglich, diese Rechnung von Beginn an zu tätigen. Man braucht eine Anfangsbedingung, die sehr dicht an der Endlösung ist. Hierfür wird die Endlösung der Rechnung mit der moderaten Anzahl von Fahrzeugen verwendet. An zwei Stellen sollten zwei Fahrzeuge zu finden sein, deren Abstand zum Vordermann genau unter bzw. genau über dem durchschnittlichen Abstand sein sollte. Zwischen diese beiden Fahrzeuge wird ein Fahrzeug eingefügt mit dem durchschnittlichen Abstand auf dem Ring. Für die Geschwindigkeit wird der Durchschnitt aus Vorder- und Hintermann gebildet. Damit erhöht sich die Fahrzeugzahl um zwei und die Länge um das doppelte der inversen Dichte auf dem Ring. Damit bleibt die Gesamtdichte erhalten. Die Rechnung wird fortgesetzt, bis sich wieder eine stabile Konfiguration eingestellt hat. Anschließend können auf gleiche Weise wieder Fahrzeuge eingefügt werden.

Anzahl der Fahrzeuge in einer Phase

Zur Beurteilung, ob genug Fahrzeuge in der Simulation vorhanden sind, um den thermodynamischen Grenzfall möglichst gut zu repräsentieren, ist es nötig, die Anzahl der Fahrzeuge in den beiden Phasen zu bestimmen. Dabei wird die maximale und die minimale Geschwindigkeit und der maximale und der minimale Abstand aller Fahrzeuge gesucht. Anschließend werden die Fahrzeuge gezählt die von den minimalen bzw. maximalen Werten um weniger als 0,0001 % abweichen. liegt diese Zahl sowohl in der freien als auch in der gestauten Phase bei mindestens zehn Fahrzeugen, wird davon ausgegangen, dass das System groß genug ist, den thermodynamischen Grenzfall zu repräsentieren.

Verwendete mathematische Formeln

Um den Lesefluss nicht zu behindern, wurden verwendete mathematische Umformungen hierhin ausgegliedert. Diese und gegebenenfalls ihre Herleitungen findet man in [2].

$$\begin{aligned}\exp(\pm i\alpha) &= \cos(\pm\alpha) + i\sin(\pm\alpha) \\ &= \cos(\alpha) \pm i\sin(\alpha)\end{aligned} \quad (A.44)$$

$$\sin(\alpha) - \sin(\beta) = 2\sin\left(\frac{\alpha-\beta}{2}\right)\cos\left(\frac{\alpha+\beta}{2}\right) \quad (A.45)$$

$$\sin(\alpha) = 2\sin\left(\frac{\alpha}{2}\right)\cos\left(\frac{\alpha}{2}\right) \quad (A.46)$$

$$\cos(\alpha) - \cos(\beta) = -2\sin\left(\frac{\alpha-\beta}{2}\right)\sin\left(\frac{\alpha+\beta}{2}\right) \quad (A.47)$$

$$\cos(\alpha) - 1 = -2\sin^2\left(\frac{\alpha}{2}\right) \quad (A.48)$$

$$\cos(\alpha)\cos(\beta) = \frac{1}{2}\left(\cos(\alpha-\beta) + \cos(\alpha+\beta)\right) \quad (A.49)$$

$$\cos^2(\alpha) = \frac{1}{2}\left(1 + \cos(2\alpha)\right) \quad (A.50)$$

$$\int \frac{1}{1+x^2}\mathrm{d}x = \arctan(x) \quad (A.51)$$

A Anhang

Herleitung der Geschwindigkeit der Staufront

Zwei Fahrzeuge bewegen sich in der Clusterphase mit dem Abstand $\Delta \hat{x}_\text{cl}$ und der Geschwindigkeit $\hat{v}_\text{cl} = \hat{v}_\text{opt}(\Delta \hat{x}_\text{cl})$ hintereinander her. Beide verlassen die Clusterphase und bewegen sich anschließend im Abstand $\Delta \hat{x}_\text{ff}$ und der Geschwindigkeit $\hat{v}_\text{ff} = \hat{v}_\text{opt}(\Delta \hat{x}_\text{ff})$. Die vier linearen Funktionen $\hat{x}(\hat{t})$ der Bewegung könne wie folgt dargestellt werden. Dabei ist Fahrzeug 1 das hintere und 2 das vordere Fahrzeug.

$$\hat{x}_{1,\text{cl}}(\hat{t}) = \hat{v}_\text{opt}(\Delta \hat{x}_\text{cl})t + \hat{x}_{0,\text{cl}} \tag{A.52}$$

$$\hat{x}_{1,\text{ff}}(\hat{t}) = \hat{v}_\text{opt}(\Delta \hat{x}_\text{ff})t + \hat{x}_{0,\text{ff}} \tag{A.53}$$

$$\hat{x}_{2,\text{cl}}(\hat{t}) = \hat{v}_\text{opt}(\Delta \hat{x}_\text{cl})t + \hat{x}_{0,\text{cl}} + \Delta \hat{x}_\text{cl} \tag{A.54}$$

$$\hat{x}_{2,\text{ff}}(\hat{t}) = \hat{v}_\text{opt}(\Delta \hat{x}_\text{ff})t + \hat{x}_{0,\text{ff}} + \Delta \hat{x}_\text{ff} \tag{A.55}$$

In erster Näherung fahren die Fahrzeuge beim Schnittpunkt $\hat{x}_1(\hat{t}_1)$ und $\hat{x}_2(\hat{t}_2)$ ihrer Funktionen aus dem Stau heraus.

$$\hat{t}_1 = \frac{\hat{x}_{0,\text{ff}} - \hat{x}_{0,\text{cl}}}{\hat{v}_\text{opt}(\Delta \hat{x}_\text{cl}) - \hat{v}_\text{opt}(\Delta \hat{x}_\text{ff})} \tag{A.56}$$

$$\hat{x}_1 = \hat{v}_\text{opt}(\Delta \hat{x}_\text{cl})\frac{\hat{x}_{0,\text{ff}} - \hat{x}_{0,\text{cl}}}{\hat{v}_\text{opt}(\Delta \hat{x}_\text{cl}) - \hat{v}_\text{opt}(\Delta \hat{x}_\text{ff})} + \hat{x}_{0,\text{cl}} \tag{A.57}$$

$$\hat{t}_2 = \frac{\hat{x}_{0,\text{ff}} + \Delta \hat{x}_\text{ff} - \hat{x}_{0,\text{cl}} - \Delta \hat{x}_\text{cl}}{\hat{v}_\text{opt}(\Delta \hat{x}_\text{cl}) - \hat{v}_\text{opt}(\Delta \hat{x}_\text{ff})} \tag{A.58}$$

$$\hat{x}_2 = \hat{v}_\text{opt}(\Delta \hat{x}_\text{cl})\frac{\hat{x}_{0,\text{ff}} + \Delta \hat{x}_\text{ff} - \hat{x}_{0,\text{cl}} - \Delta \hat{x}_\text{cl}}{\hat{v}_\text{opt}(\Delta \hat{x}_\text{cl}) - \hat{v}_\text{opt}(\Delta \hat{x}_\text{ff})} + \hat{x}_{0,\text{cl}} + \Delta \hat{x}_\text{cl} \tag{A.59}$$

Durch die beiden Schnittpunkte verläuft die lineare Funktion $\hat{x}_\text{SF}(\hat{t})$ der Staufront. Ihr Anstieg ist die Geschwindigkeit $\hat{v}_\text{SF}$ der Staufront.

$$\hat{v}_\text{SF} = \frac{\hat{x}_2 - \hat{x}_1}{\hat{t}_2 - \hat{t}_1} \tag{A.60}$$

$$\hat{v}_\text{SF} = \frac{\hat{v}_\text{cl}\Delta \hat{x}_\text{ff} - \hat{v}_\text{ff}\Delta \hat{x}_\text{cl}}{\Delta \hat{x}_\text{ff} - \Delta \hat{x}_\text{cl}} \tag{A.61}$$

B Literaturverzeichnis

[1] BANDO, M. ; HASEBE, K. ; NAKAYAMA, A. ; SHIBATA, A. ; SUGIYAMA, Y.: Dynamical model of traffic congestion and numerical simulation. In: *Phys. Rev. E* 51 (1995), Feb, Nr. 2, S. 1035–1042. – URL http://pre.aps.org/abstract/PRE/v51/i2/p1035_1

[2] BRONSTEIN, I. N. ; SEMENDJAJEW, K. A. ; MUSIOL, G. ; MÜHLIG, H.: *Taschenbuch der Mathematik*. 5. Auflage. Thun und Frankfurt am Main : Verlag Harri Deutsch, 2001. – ISBN 3-8171-2015-X

[3] DAGANZO, C. F. ; CASSIDY, M. J. ; BERTINI, R. L.: Possible explanations of phase transitions in highway traffic. In: *Transportation Research Part A: Policy and Practice* 33 (1999), Nr. 5, S. 365 – 379. – URL http://www.sciencedirect.com/science/article/B6VG7-3WG34SC-2/2/5c43db3820ae2d73b1527c568c847591. – ISSN 0965-8564

[4] DAGANZO, Carlos F.: *Carlos F. Daganzo — Recent Publications*. – URL http://www.ce.berkeley.edu/faculty/faculty_pubs.php?name=Daganzo. – [Online; Stand 27. April 2010]

[5] DUISBURG-ESSEN, Universität: *Verkehrslage in NRW*. – URL http://www.autobahn.nrw.de/. – [Online; Stand 27. April 2010]

[6] EDIE, Leslie C.: Car-Following and Steady-State Theory for Noncongested Traffic. In: *Operations Research* 9 (1961), Nr. 1, S. 66–76. – URL http://or.journal.informs.org/cgi/content/abstract/9/1/66

[7] GREENSHIELDS, B. D.: A study of highway capacity. In: *Highway Research Board Proceedings* Bd. 14, URL http://pubsindex.trb.org/view.aspx?id=120649, 1935, S. 448–477

[8] HELBING, D.: *Verkehrsdynamik*. Springer-Verlag, Berlin, 1997. – ISBN 3-540-61927-5

[9] HINKEL, J.: *Applications of Physics of Stochastic Processes to Vehicular Traffic Problems*. Rostock, Deutschland, Universität Rostock, Dissertation, 2005. – URL http://rosdok.uni-rostock.de/resolve?urn=urn:nbn:de:gbv:28-diss2007-0008-2

B Literaturverzeichnis

[10] KAUPUŽS, J. ; MAHNKE, R.: A stochastic multi-cluster model of freeway traffic. In: *Eur. Phys. J. B* 14 (2000), Nr. 4, S. 793–800. – URL http://dx.doi.org/10.1007/s100510051091

[11] KAUPUŽS, J. ; MAHNKE, R. ; HARRIS, R. J.: Zero-range model of traffic flow. In: *Phys. Rev. E* 72 (2005), Nov, Nr. 5, S. 056125. – URL http://pre.aps.org/abstract/PRE/v72/i5/e056125

[12] KAUPUŽS, J. ; MAHNKE, R. ; HARRIS, R. J.: *Metastability of Traffic Flow in Zero-Range Model*. S. 461–466. In: SCHADSCHNEIDER, A. (Hrsg.) ; PÖSCHEL, T. (Hrsg.) ; KÜHNE, R. (Hrsg.) ; SCHRECKENBERG, M. (Hrsg.) ; WOLF, D. E. (Hrsg.): *Traffic and Granular Flow '05*, Springer-Verlag, Berlin, 2007. – ISBN 3540476407

[13] KAUPUŽS, J. ; WEBER, H. ; TOLMACHEVA, J. ; MAHNKE, R.: *Applications to Traffic Breakdown on Highways*. S. 133–138. In: BUIKIS, A. (Hrsg.) ; CIEGIS, R. (Hrsg.) ; FITT, A. D. (Hrsg.): *Progress in Industrial Mathematics at ECMI 2002*, Springer-Verlag, Berlin, 2004. – ISBN 978-3-540-40113-1

[14] KERNER, B. S.: *The Physics of Traffic*. Springer-Verlag, Berlin, 2004. – ISBN 3-540-20716-3

[15] KERNER, B. S.: *Introduction to Modern Traffic Flow Theory and Control*. Springer-Verlag, Berlin, 2009. – ISBN 3-540-54062-8

[16] KIRCHENLEXIKON, Biographisch-Bibliographisches: *VERBIEST, Ferdinand SJ, chin. Nan Huairen Duanbei*. – URL http://www.bautz.de/bbkl/v/verbiest_f.shtml. – [Online; Stand 27. Dezember 2006]

[17] KLOEDEN, P. E. ; PLATEN, E.: *Numerical Solutions of Stochastic Differential Equations*. S. 378–383, Springer-Verlag, Berlin, Heidelberg, 1992. – ISBN 3-540-54062-8

[18] KNOSPE, W. ; SANTEN, L. ; SCHADSCHNEIDER, A. ; SCHRECKENBERG, M.: CA Models for Traffic Flow: Comparison with Empirical Single-Vehicle Data. In: *ArXiv Condensed Matter e-prints* (2000), jan

[19] KNOSPE, W. ; SANTEN, L. ; SCHADSCHNEIDER, A. ; SCHRECKENBERG, M.: Human behavior as origin of traffic phases. In: *Phys. Rev. E* 65 (2001), Dec, Nr. 1, S. 015101

[20] KÜHNE, R. ; MAHNKE, R.: Controlling Traffic Breakdowns. In: MAHMASSANI, H. S. (Hrsg.): *Transportation and Traffic Theory*, Elsevier Ltd., Oxfo, 2005, S. 229–244

[21] KÜHNE, R. ; MAHNKE, R. ; HINKEL, J.: *Understanding Traffic Breakdown: A Stochastic Approach*. S. 777–790. In: ALLSOP, R. E. (Hrsg.) ; H., M. G. (Hrsg.) ; BELL (Hrsg.) ; HEYDECKER, B. G. (Hrsg.): *Transportation and Traffic Theory 2007*, Elsevier Ltd., Oxford, 2007. – ISBN 0080453759

[22] KÜHNE, Reinhart ; MAHNKE, Reinhard ; LUBASHEVSKY, Ihor ; KAUPUŽS, Jevgenijs: Probabilistic description of traffic breakdowns. In: *Phys. Rev. E* 65 (2002), Jun, Nr. 6, S. 066125. – URL http://pre.aps.org/abstract/PRE/v65/i6/e066125

[23] LEUTZBACH, W.: *Introduction to the Theory of Traffic Flow*. Springer-Verlag, Berlin, 1988

[24] LIEBE, C.: *Stochastik der Verkehrsdynamik: Von Zeitreihen-Analysen zu Verkehrsmodellen*. Rostock, Deutschland, Universität Rostock, Diplomarbeit, 2006. – URL http://rosdok.uni-rostock.de/resolve?id=rosdok_thesis_000000000003

[25] LIEBE, C. ; MAHNKE, R. ; KAUPUŽS, J. ; WEBER, H.: *Vehicular Motion and Traffic Breakdown: Evaluation of Energy Balance*. S. 381–387. In: APPERT-ROLLAND, C. (Hrsg.) ; CHEVOIR, F. (Hrsg.) ; GONDRET, P. (Hrsg.) ; LASSARRE, S. (Hrsg.) ; LEBACQUE, J.-P. (Hrsg.) ; SCHRECKENBERG, M. (Hrsg.): *Traffic and Granular Flow '07*, Springer-Verlag, Berlin, 2009. – ISBN 978-3-540-77073-2

[26] LIEBE, C. ; MAHNKE, R. ; KÜHNE, R.: *From Traffic Breakdown to Energy Flow Analysis*. 2010. – Submitted to: Transportation and Traffic Theory, 2009

[27] LIGHTHILL, M. J. ; WHITHAM, G. B.: On Kinematic Waves. II. A Theory of Traffic Flow on Long Crowded Roads, The Royal Society, 1955, S. 317–345. – URL http://www.jstor.org/stable/99769

[28] LUBASHEVSKY, I. ; MAHNKE, R. ; KALENKOV, S.: About Order Parameter Model for Synchronized Mode of Traffic, American Society of Civil Engineers, Reston, USA, 2002, S. 666–673. – ISBN 0784406308

[29] LUBASHEVSKY, I. ; WAGNER, P. ; MAHNKE, R.: Bounded rational driver models. In: *Eur. Phys. J. B* 32 (2003), mar, Nr. 2, S. 243–247. – URL http://dx.doi.org/10.1140/epjb/e2003-00094-6

[30] LUBASHEVSKY, I. A. ; MAHNKE, R.: Order-parameter model for unstable multilane traffic flow. In: *Phys. Rev. E* 62 (2000), Nov, Nr. 5, S. 6082–6093. – URL http://pre.aps.org/abstract/PRE/v62/i5/p6082_1

[31] LUBASHEVSKY, Ihor ; KALENKOV, Sergey ; MAHNKE, Reinhard: Towards a variational principle for motivated vehicle motion. In: *Phys. Rev. E* 65 (2002),

Mar, Nr. 3, S. 036140. – URL http://pre.aps.org/abstract/PRE/v65/i3/e036140

[32] LUBASHEVSKY, Ihor ; MAHNKE, Reinhard ; WAGNER, Peter ; KALENKOV, Sergey: Long-lived states in synchronized traffic flow: Empirical prompt and dynamical trap model. In: *Phys. Rev. E* 66 (2002), Jul, Nr. 1, S. 016117. – URL http://pre.aps.org/abstract/PRE/v66/i1/e016117

[33] LUBASHEVSKY, Ihor ; WAGNER, Peter ; MAHNKE, Reinhard: Rational-driver approximation in car-following theory. In: *Phys. Rev. E* 68 (2003), Nov, Nr. 5, S. 056109. – URL http://pre.aps.org/abstract/PRE/v68/i5/e056109

[34] MADER, M. ; BRESGES, A. ; TOPAL, R. ; BUSSE, A. ; FORSTING, M. ; GIZEWSKI, E. R.: Simulated car driving in fMRI–Cerebral activation patterns driving an unfamiliar and a familiar route. In: *Neuroscience Letters* 464 (2009), Nr. 3, S. 222–227. – URL http://www.sciencedirect.com/science/article/B6T0G-4X3DN15-2/2/97d738fe6aa3d935071098e43020225d. – ISSN 0304-3940

[35] MAHNKE, R. ; KAUPUŽS, J.: *One More Fundamental Diagram of Traffic Flow*. S. 439–446. In: SCHRECKENBERG, M. (Hrsg.) ; WOLF, D. E. (Hrsg.): *Traffic and Granular Flow '97*, Springer-Verlag, Singapore, 1998. – ISBN 981-3083-87-5

[36] MAHNKE, R. ; KAUPUŽS, J.: Stochastic theory of freeway traffic. In: *Phys. Rev. E* 59 (1999), Jan, Nr. 1, S. 117–125. – URL http://pre.aps.org/abstract/PRE/v59/i1/p117_1

[37] MAHNKE, R. ; KAUPUŽS, J. ; HINKEL, J. ; WEBER, H.: Application of thermodynamics to driven systems. In: *Eur. Phys. J. B* 57 (2007), jun, Nr. 4, S. 463–471. – URL http://dx.doi.org/10.1140/epjb/e2007-00182-7

[38] MAHNKE, R. ; KAUPUŽS, J. ; LUBASHEVSKY, I. A.: *Physics of Stochastic Processes: How Randomness Acts in Time*. Wiley-VCH, Weinheim, 2009. – ISBN 3527408401

[39] MAHNKE, R. ; KAUPUŽS, J. ; TOLMACHEVA, J.: *Stochastic Description of Traffic Breakdown: Langevin Approach*. S. 205–210. In: HOOGENDOORN, S. P. (Hrsg.) ; LUDING, S. (Hrsg.) ; BOVY, P. H. L. (Hrsg.) ; SCHRECKENBERG, M. (Hrsg.) ; WOLF, D. E. (Hrsg.): *Traffic and Granular Flow '03*, Springer-Verlag, Berlin, 2005. – ISBN 3-540-25814-0

[40] MAHNKE, R. ; KÜHNE, R.: *Probabilistic Description of Traffic Breakdown*. S. 527–536. In: SCHADSCHNEIDER, A. (Hrsg.) ; PÖSCHEL, T. (Hrsg.) ; KÜHNE, R. (Hrsg.) ; SCHRECKENBERG, M. (Hrsg.) ; WOLF, D. E. (Hrsg.): *Traffic and Granular Flow '05*, Springer-Verlag, Berlin, 2007. – ISBN 3540476407

[41] NAGEL, K. ; WAGNER, P. ; WOESLER, R.: Still Flowing: Approaches to Traffic Flow and Traffic Jam Modeling. In: *Operations Research* 51 (2003), Nr. 5, S. 681–710. – URL http://or.journal.informs.org/cgi/content/abstract/51/5/681

[42] NAGEL, Kai ; SCHRECKENBERG, Michael: A cellular automaton model for freeway traffic. In: *J. Phys. I France* 2 (1992), dec, Nr. 12, S. 2221–2229. – URL http://dx.doi.org/10.1051/jp1:1992277

[43] NGSIM: *NGSIM Community Website*. – URL http://ngsim-community.org/. – [Online; Stand 23. April 2010]

[44] ONLINE, Focus: *So wenig Verkehrstote wie nie*. – URL http://www.focus.de/auto/autoaktuell/unfallstatistik_aid_54847.html. – [Online; Stand 27. April 2010]

[45] PRESS, W. H. ; TEUKOLSKY, S. A. ; VETTERLING, W. T. ; FLANNERY, B. P.: *Numerical Recipes in C*, Cambridge University Press, 1992. – ISBN 0-521-43108-5

[46] PRIGOGINE, I. ; HERMAN, R.: *Kinetic theory of vehicular traffic*. Elsevier, New York, 1971

[47] PRIGOGINE, I. ; HERMAN, R.: *Theory of traffic flow*. Elsevier, Amsterdam, 1971

[48] REMER, R.: *Theorie und Simulation von Zeitreihen mit Anwendungen auf die Aktienkursdynamik*. Rostock, Deutschland, Universität Rostock, Dissertation, 2005. – URL http://rosdok.uni-rostock.de/resolve?urn=urn:nbn:de:gbv:28-diss2008-0001-6

[49] RICHARDS, P. I.: Shock Waves on the Highway. In: *Operations Research* 4 (1956), Februar, Nr. 1, S. 42–51. – URL http://or.journal.informs.org/cgi/content/abstract/4/1/42

[50] SCHADSCHNEIDER, A.: Statistical physics of traffic flow. In: *Physica A: Statistical Mechanics and its Applications* 285 (2000), Nr. 1-2, S. 101–120. – URL http://www.sciencedirect.com/science/article/B6TVG-412RR6W-8/2/e7afc0b060b1320b3e5c1f4602b34fed. – ISSN 0378-4371

[51] WEBER, H. ; MAHNKE, R. ; KAUPUŽS, J. ; STRÖMBERG, A.: *Models of Highway Traffic and their Connections to Thermodynamics*. S. 545–550. In: SCHADSCHNEIDER, A. (Hrsg.) ; PÖSCHEL, T. (Hrsg.) ; KÜHNE, R. (Hrsg.) ; SCHRECKENBERG, M. (Hrsg.) ; WOLF, D. E. (Hrsg.): *Traffic and Granular Flow '05*, Springer-Verlag, Berlin, 2007. – ISBN 3540476407

B Literaturverzeichnis

[52] WEBER, H. ; MAHNKE, R. ; LIEBE, C. ; KAUPUŽS, J.: *Dynamics and Thermodynamics of Traffic Flow.* S. 427–433. In: APPERT-ROLLAND, C. (Hrsg.) ; CHEVOIR, F. (Hrsg.) ; GONDRET, P. (Hrsg.) ; LASSARRE, S. (Hrsg.) ; LEBACQUE, J.-P. (Hrsg.) ; SCHRECKENBERG, M. (Hrsg.): *Traffic and Granular Flow '07*, Springer-Verlag, Berlin, 2009. – ISBN 978-3-540-77073-2

[53] WIKIPEDIA: *Automobil — Wikipedia, Die freie Enzyklopädie.* – URL http://de.wikipedia.org/w/index.php?title=Automobil&oldid=73373640. – [Online; Stand 23. April 2010]

[54] WIKIPEDIA: *Automobil/Tabellen und Grafiken — Wikipedia, Die freie Enzyklopädie.* – URL http://de.wikipedia.org/w/index.php?title=Automobil/Tabellen_und_Grafiken&oldid=73198151. – [Online; Stand 23. April 2010]

[55] WIKIPEDIA: *Numerov's method — Wikipedia, The Free Encyclopedia.* – URL http://en.wikipedia.org/w/index.php?title=Numerov%27s_method&oldid=341143965. – [Online; accessed 23-April-2010]

[56] WIKIPEDIA: *Stau aus dem Nichts — Wikipedia, Die freie Enzyklopädie.* – URL http://de.wikipedia.org/w/index.php?title=Stau_aus_dem_Nichts&oldid=72626202. – [Online; Stand 27. April 2010]

[57] WIKIPEDIA: *Verkehrswissenschaften — Wikipedia, Die freie Enzyklopädie.* – URL http://de.wikipedia.org/w/index.php?title=Verkehrswissenschaften&oldid=68399295. – [Online; Stand 23. April 2010]

C Abkürzungsverzeichnis

D1	Prototypendatensatz
D1a	die ersten 30 min des Prototypendatensatzes
D1b	die letzten 15 min des Prototypendatensatzes
D2	Teil 1 des I-80-Datensatzes
D3	Teil 2 des I-80-Datensatzes
D4	Teil 3 des I-80-Datensatzes
TSP	Time-Space-Plot, Zeit-Weg-Abbildung
TSPs	Time-Space-Plots, Zeit-Weg-Abbildungen
FFV	Fahrzeug-Folge-Verhalten
HOV	High-occupancy vehicle, Fahrzeug mit mindestens zwei Insassen
OVM	Optimal Velocity Model, Modell der optimalen Geschwindigkeit
tl	thermodynamic limit, thermodynamischer Grenzfall
cl	Größe ist in der Clusterlösung gültig
ff	Größe ist im freien Verkehr gültig
NGSIM	Next Generation Simulation
I-80	Interstate 80 in den USA

D Danksagung

Hiermit möchte ich mich bei allen bedanken, die mich auf dem Weg während meiner Promotion begleitet haben.

In erster Linie ist das mein Betreuer Priv.-Doz. Dr. Reinhard Mahnke, der mich zum einen über einen langen Zeitraum finanziell absicherte, zum anderen aber auch fachlich begleitete. Hierbei ist speziell die Deutsche Forschungsgemeinschaft zu erwähnen, die über das Projekt MA 1508/8 die finanzielle Unterstützung und die Übernahme der Reisekosten gewährleistete. Bei Prof. Dr. Reinhart Kühne möchte ich mich für viele fachliche Gespräche und die schöne Zeit in Amerika und Hong Kong bedanken. Dr. Peter Wagner bin ich dankbar für kritische Bemerkungen aus der Sicht eines Wissenschaftlers, der teilweise sehr produktorientiert die Thematik dieser Promotion betrachtete. Bei Prof. Dr. Hans Weber möchte ich mich für den schönen Aufenthalt in Schweden und für sein immer offenes Ohr bedanken. Speziell die Diskussionen über die Spurwechselproblematik waren sehr hilfreich.

Ich möchte mich bei Dr. Julia Hinkel und Dr. Kai-Uwe Thiessenhusen für viele Diskussionen bedanken. Dr. Jevgenijs Kaupuąs danke ich für viele Episoden der Diskussion und seine sehr analytische Herangehensweise an Probleme. Prof. Dr. Ihor Lubashevski hat mir durch sein immens umfangreiches Wissen mehr als einmal neue Wege gezeigt.

Ich danke Prof. Dr. Oliver Kühn dafür, dass er es mir gegen Ende meiner Promotion ermöglichte, diese zumindest ohne finanziellen Druck fertig zu stellen. Zu erwähnen ist an dieser Stelle auch die Wilhelm und Else Heraeus Stiftung, die mich ebenfalls unterstützte.

Ich danke meiner Familie, die mich immer in dem Glauben bestärkte, den richtigen Weg eingeschlagen zu haben. Speziell danke ich Layla, die mir den besten Grund schenkte, meine Promotion erfolgreich zu beenden.

Abschließend möchte ich mich bei meinem Kollegium, der Arbeitsgruppe Quantentheorie und Vielteilchensysteme, für ein Arbeitsklima bedanken, dass es mir leicht machte, mich jeden Tag auf meine Aufgaben zu freuen.

I want morebooks!

Buy your books fast and straightforward online - at one of world's fastest growing online book stores! Environmentally sound due to Print-on-Demand technologies.

Buy your books online at
www.morebooks.shop

Kaufen Sie Ihre Bücher schnell und unkompliziert online – auf einer der am schnellsten wachsenden Buchhandelsplattformen weltweit! Dank Print-On-Demand umwelt- und ressourcenschonend produziert.

Bücher schneller online kaufen
www.morebooks.shop

KS OmniScriptum Publishing
Brivibas gatve 197
LV-1039 Riga, Latvia
Telefax: +371 686 204 55

info@omniscriptum.com
www.omniscriptum.com

Printed by Books on Demand GmbH, Norderstedt / Germany